科学のアルバム

ジャガイモ

鈴木公治

あかね書房

もくじ

植《う》えつけ●2
いものしくみ●4
いもにたくわえられた養分《ようぶん》●6
芽《め》や根《ね》がでてきた●8
根《ね》のしくみ●10
地上《ちじょう》に芽《め》がでた●12
動《うご》いている葉《は》●14
じょうぶに育《そだ》てるために●16
葉《は》のしくみ●18
茎《くき》のしくみ●20
地下《ちか》の変化《へんか》●22
花《はな》がさいた●24
ジャガイモの花《はな》のいろいろ●26
花《はな》のしくみ●30
ジャガイモ畑《ばたけ》の生《い》きもの●32

養分《ようぶん》をつかいつくしたたねいも●35
収穫《しゅうかく》の季節《きせつ》●36
いろいろなジャガイモ●38
ジャガイモはどこから？●41
たねといも●42
分身《ぶんしん》でふえる方法《ほうほう》●44
植物《しょくぶつ》の外科《げか》手術《しゅじゅつ》●46
太陽《たいよう》エネルギーの貯蔵庫《ちょぞうこ》●48
ジャガイモの利用《りよう》●50
ジャガイモを育《そだ》てよう●52
あとがき●54

監修●田中　智
イラスト●武市加代
森上義孝
渡辺洋二
林　四郎
装丁●画工舎

科学のアルバム

ジャガイモ

鈴木公治（すずき　まさはる）

一九四六年、群馬《ぐんま》県前橋《まえばし》市に生まれる。

一九六八年、東京農業大学卒業。同年より群馬県の農業高校に勤務《きんむ》。

教職《きょうしょく》のかたわら、おもに植物の運動をテーマにした実験《じっけん》、観察《かんさつ》をおこない、その貴重《きちょう》な記録《きろく》写真が注目されている。ほかに、作物と雑草《ざっそう》の関係や、作物や雑草のライフ・サイクルも研究している。

現在《げんざい》、科学雑誌《ざっし》や百科事典《じてん》などで、
多数の植物生態《せいたい》写真を発表している。

著書《ちょしょ》に「ムギの一生」（あかね書房）がある。

ジャガイモをたくさんふやしたいときは、いもを植《う》えます。土《つち》の中《なか》のいもには、どんな変化《へんか》がおきるでしょう。新《あたら》しいいもはどこにできるでしょう。

●4月《がつ》はじめ，土《つち》の中《なか》からほりだしたジャガイモ。土《つち》の中《なか》では，もう芽《め》や根《ね》がぐんぐんのびています。

※植《う》えつけ時期《じき》　九州《きゅうしゅう》・四国《しこく》では二月《がつ》、関東《かんとう》では三月《がつ》、東北《とうほく》・北海道《ほっかいどう》では四～五月《がつ》ごろ。標高《ひょうこう》の高《たか》い場所《ばしょ》では、平地《へいち》より植《う》えつけ時期《じき》がおくれます。この本《ほん》にでてくる日付《ひづけ》は、ことわりがないかぎり群馬県前橋市《ぐんまけんまえばしし》のものです。

⬆切《き》ったいものそれぞれに，くぼみがあるように注意《ちゅうい》して切《き》ります。たねいもは，切《き》ったしげきで芽《め》のでるのが少《すこ》し早《はや》くなります。

植《う》えつけ

三月上旬《がつじょうじゅん》、モクレンのつぼみがふくらみ、かれ草《くさ》の下《した》でツクシが頭《あたま》をもたげると、ジャガイモの※植《う》えつけの季節《きせつ》です。

ジャガイモは、ふつうたねをまくことはありません。いもを植《う》えて育《そだ》てます。このいもをたねいもとよんでいます。

たねいもは、一個《こ》三十グラムぐらいがてきとうです。大《おお》きないもは、二～四つに切《き》ってつかいます。そのとき、いもの表面《ひょうめん》にあるくぼみに注意《ちゅうい》して切《き》ります。

↑切《き》ったたねいもは，2〜3日《にち》のあいだ風通《かぜとお》しのよい日《ひ》かげにおいてから植《う》えつけます。植《う》える深《ふか》さは約《やく》10cm。切《き》り口《くち》を下《した》にします。みぞの両側《りょうがわ》には肥料《ひりょう》をまいておきます。このあとたねいもの上《うえ》に土《つち》をかければ，植《う》えつけはおわります。（5月上旬《がつじょうじゅん》，群馬県嬬恋《ぐんまけんつまごい》の農場《のうじょう》）

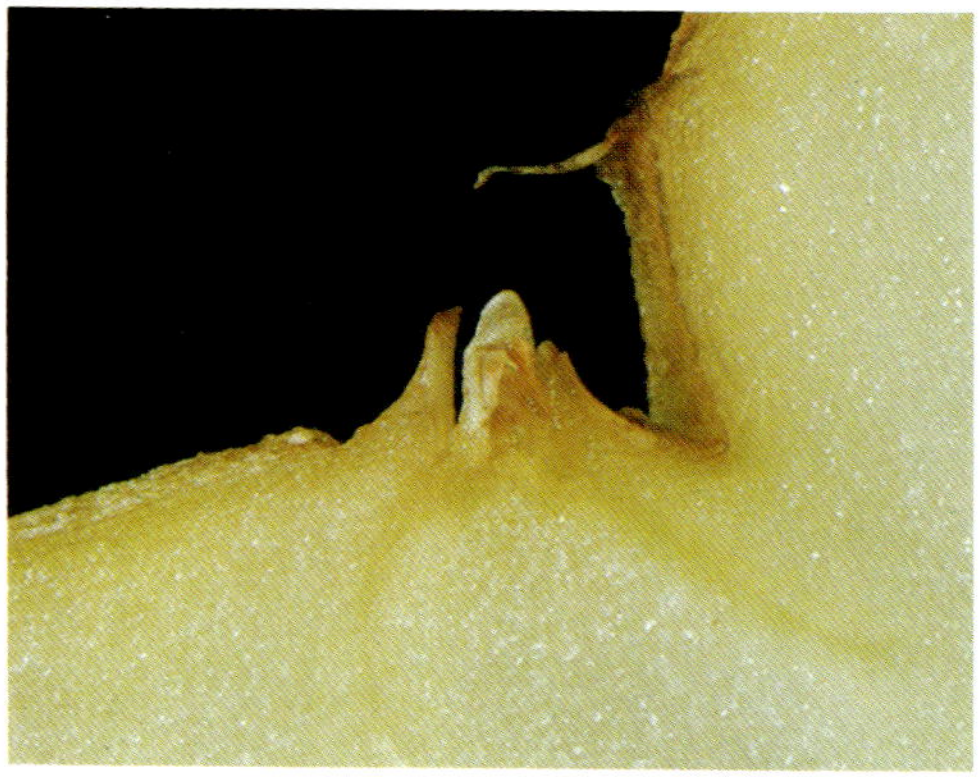

⬆いものくぼみに針《はり》をさしていくと，針《はり》がたくさん集《あつ》まる部分《ぶぶん》があります。また，針《はり》と針《はり》を線《せん》で順番《じゅんばん》にむすぶと，らせんをえがきます。
⬉上《うえ》，いもの表面《ひょうめん》にあるくぼみの一つ。下《した》，くぼみの断面《だんめん》。小《ちい》さな芽《め》がでています。

いものしくみ

たねいもの表面《ひょうめん》のところどころにあるくぼみは、いったいなんでしょう。

くぼみのなかをよく見《み》ると、小《ちい》さくつきでたものが二〜三つついています。これはジャガイモの芽《め》です。つまり、くぼみは芽《め》のでる場所《ばしょ》なのです。

くぼみは、ばらばらについているようにみえます。でも、よくしらべると、ならび方《かた》に、一定《いってい》のきまりがあります。

たねいもに色水《いろみず》をすわせてから、切《き》ってみました。すると表面《ひょうめん》より少《すこ》し内側《うちがわ》の部分《ぶぶん》に、色《いろ》のついた管《くだ》があらわれました。この管《くだ》は養分《ようぶん》をはこぶ管《くだ》です。

⬆いもの中《なか》をあみの目《め》状《じょう》に走《はし》っている養分《ようぶん》をはこぶ管《くだ》。いもの表面《ひょうめん》には，芽《め》とはちがう茎《くき》のようなものが一つありました。色水《いろみず》はそこからすわせました。

⬅色水《いろみず》をすわせたたねいもの断面《だんめん》。養分《ようぶん》をはこぶ管《くだ》は，くぼみの芽《め》とつながっています。

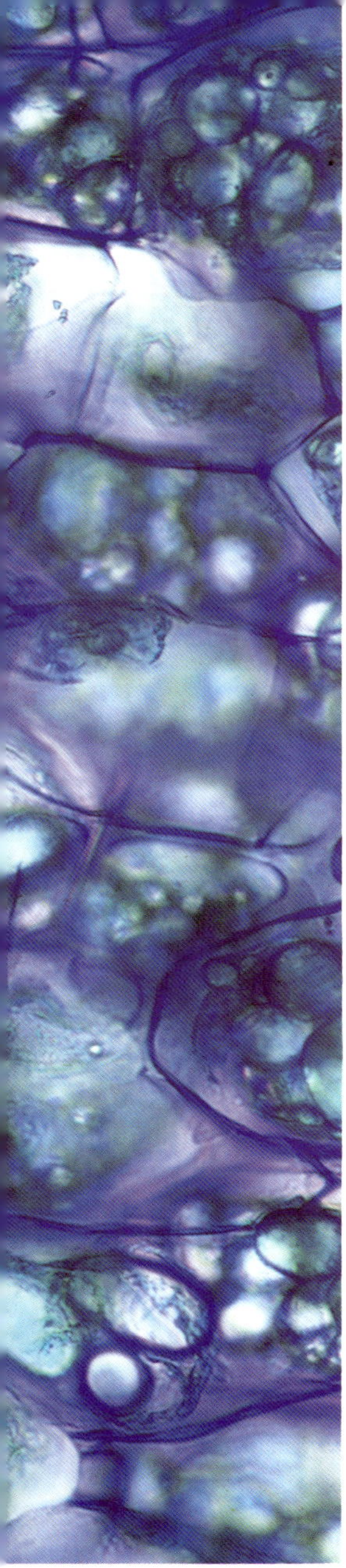

たねいもを切《き》って，ヨード液《えき》をつけてみました。でんぷんがふくまれているので，黒紫色《こくししょく》にかわりました。でんぷんは，いもの中心部《ちゅうしんぶ》に少《すく》なく，外側《そとがわ》にたくさんふくまれています。

いもにたくわえられた養分《ようぶん》

たねいもを切《き》ったあと、しばらくしてほうちょうを見《み》ると、白《しろ》い粉《こな》がいっぱいついていました。この粉《こな》はでんぷんです。ジャガイモの細《さい》ぼうの中《なか》には、でんぷんのつぶがぎっしりつまっています。

でんぷんは、いもからでてくる芽《め》や根《ね》が生《せい》長《ちょう》するために、なくてはならない養分《ようぶん》です。いもは、養分《ようぶん》をたくわえた貯蔵庫《ちょぞうこ》です。芽《め》や根《ね》の生長《せいちょう》とともに、たねいものでんぷんがどのように変化《へんか》していくか観察《かんさつ》しましょう。

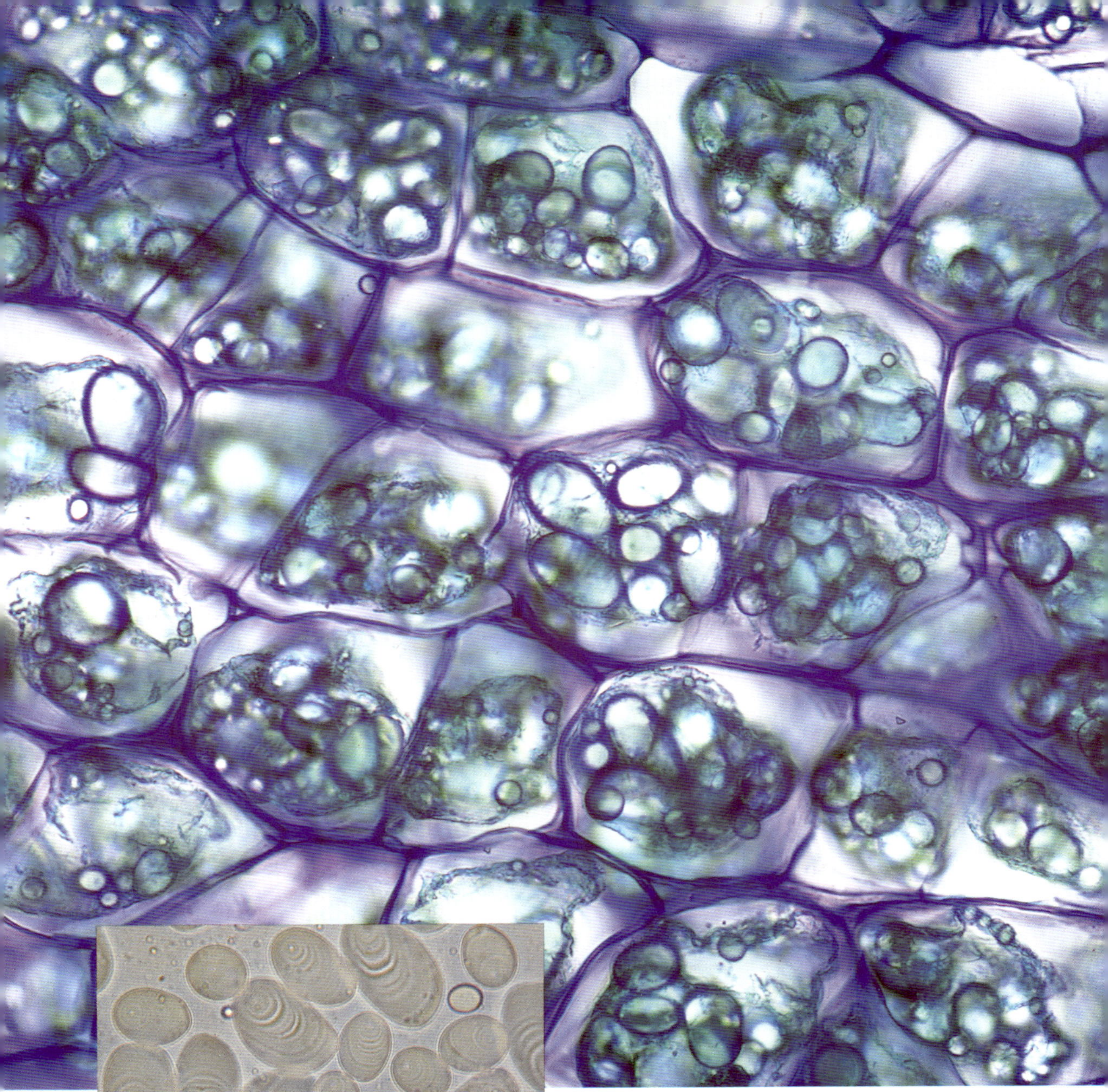

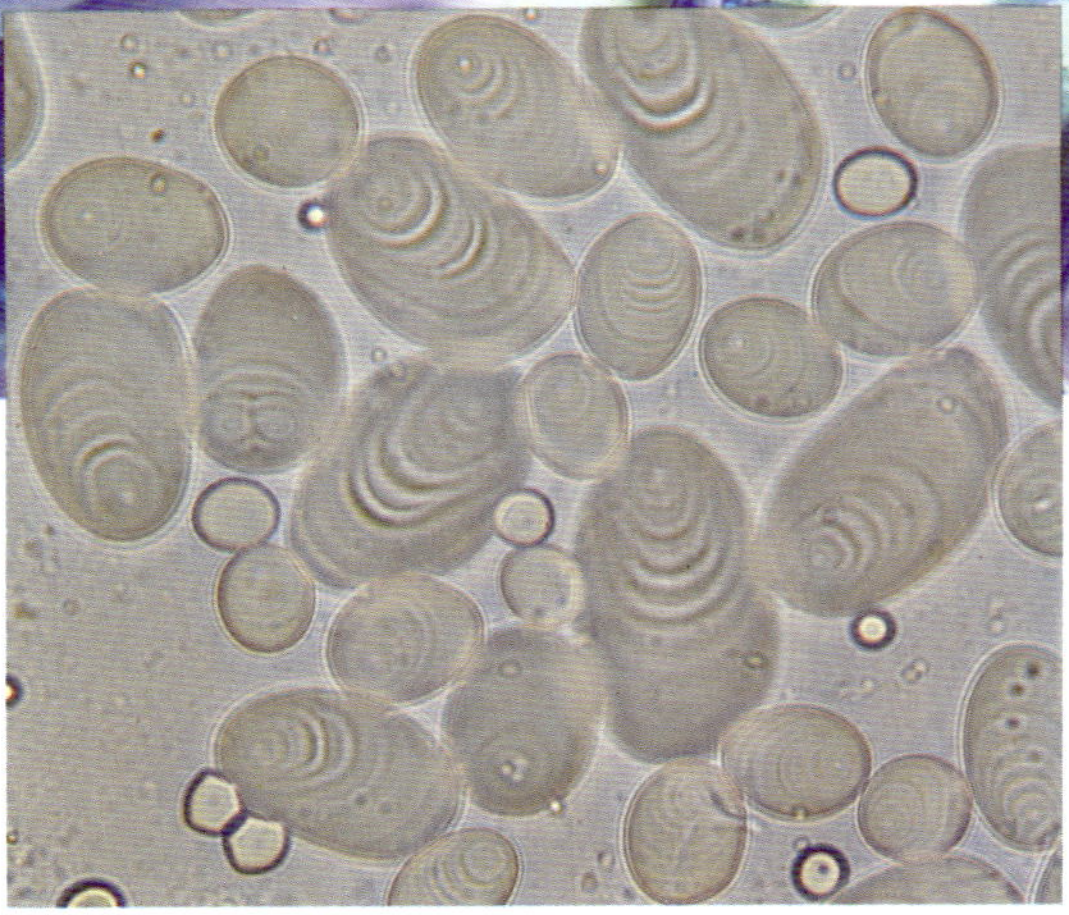

⬆ジャガイモの細《さい》ぼうの中《なか》には，でんぷんのつぶがぎっしりつまっています。写真《しゃしん》は見《み》やすいように，色《いろ》でそめてあります。

⬅でんぷんのつぶをとりだして，けんび鏡《きょう》で見《み》たところ。つぶの大《おお》きさの平均《へいきん》は，0.03㎜くらいです。

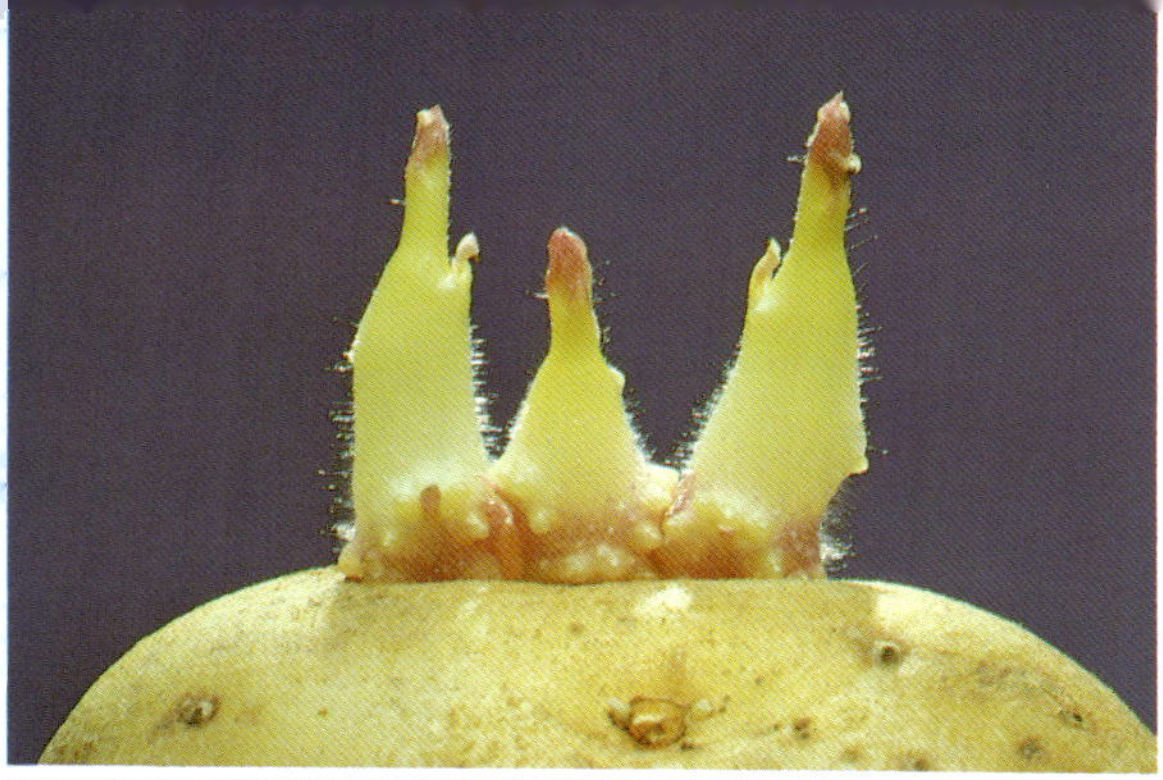

↑くぼみからでてきた芽《め》。いもの中《なか》の養《よう》分《ぶん》が管《くだ》（赤《あか》くそめた部《ぶ》分《ぶん》）を通《とお》って芽《め》にはこばれているのがわかります。
↖上《うえ》，芽《め》のもとの方《ほう》にふくらみができて，下《した》，２日後《かご》，根《ね》がのびてきました。

芽《め》や根《ね》がでてきた

暗《くら》い土《つち》の中《なか》で、ジャガイモの芽《め》が育《そだ》ちはじめました。芽《め》は、地《ち》中《ちゅう》の温《おん》度《ど》がせっし四～五度《ど》になるとのびはじめ、十度《ど》以《い》上《じょう》で土《つち》の上《うえ》に顔《かお》をだします。

芽《め》がのびだすと、まもなく根《ね》もでてきます。根《ね》はいもからでません。かならず芽《め》からでます。芽《め》や根《ね》はたねいものでんぷんで、どんどん生《せい》長《ちょう》します。

芽《め》は、土《つち》の中《なか》では先《さき》が内《うち》側《がわ》にまがっています。芽《め》の先《さき》には、生《せい》長《ちょう》するときの細《さい》ぼうをふやすたいせつな部《ぶ》分《ぶん》があります。先《さき》が内《うち》側《がわ》にまがっているのは、この部《ぶ》分《ぶん》をまもるためなのでしょうか。

⬆3月《がつ》下《げ》旬《じゅん》，畑《はたけ》からいもをほりだしました。芽《め》は 1.5㎝，根《ね》は5㎝くらいにのびていました。たねいもはあたたかくなると，土《つち》の中《なか》に植《う》えなくても芽《め》をだします。でも，かわいた場所《ばしょ》では，芽《め》がでても根《ね》はでにくいようです。根《ね》がでるには水分《すいぶん》が必要《ひつよう》です。

⬅4月《がつ》上《じょう》旬《じゅん》，畑《はたけ》の土《つち》をそっととりのぞいてみました。根《ね》は10〜15㎝にのびていました。

芽《め》のもとからのびでる根《ね》。根《ね》には毛《け》のような根毛《こんもう》がはえています。

根《ね》のしくみ

はじめのうちは、芽《め》のもとの方《ほう》からでてきた根《ね》は、芽《め》が生長《せいちょう》するにつれて、芽《め》の上《うえ》の方《ほう》からもでてきます。

長《なが》くのびた根《ね》を虫《むし》めがねで見《み》てごらん。こまかい毛《け》のようなものがはえているのに気《き》がつきましたか。これを根毛《こんもう》とよんでいます。

根毛《こんもう》は、地中《ちちゅう》のせまいすきまにもぐりこみ、生長《せいちょう》に必要《ひつよう》な水分《すいぶん》や、それにとけている養分《ようぶん》をすいあげるやくめをします。

根《ね》は、これから地上《ちじょう》で育《そだ》っていく部分《ぶぶん》をささえるやくめもします。そのため、地中《ちちゅう》にびっしりはりめぐらされています。

↑けんび鏡《きょう》で見《み》た根《ね》の先《さき》の部分《ぶぶん》(縦断面《じゅうだんめん》)。先端《せんたん》より少《すこ》し後《うし》ろの部分《ぶぶん》で細《さい》ぼうをふやして，根《ね》はのびていきます。

↖土《つち》の中《なか》にはりめぐらされた根《ね》には，こまかい根毛《こんもう》がびっしりはえています。

←4月上旬《がつじょうじゅん》，地上《ちじょう》に芽《め》をだす直前《ちょくぜん》のたねいも。地中《ちちゅう》の根《ね》がずいぶんのびました芽《め》の一部《いちぶ》は，もう緑色《みどりいろ》の葉《は》をつけて出《で》番《ばん》をまっています。

↑4月上旬《がつじょうじゅん》，土《つち》をおしのけてでてきた芽《め》。土《つち》の上《うえ》に顔《かお》をだすと，まもなく緑色《みどりいろ》の葉《は》をひらきます。

地《ち》上《じょう》に芽《め》がでた

植《う》えつけから約《やく》一か月《げつ》、土《つち》をおしのけて、地《ち》上《じょう》に芽《め》がでてきました。土《つち》の上《うえ》にでたばかりの芽《め》は、四～五枚《まい》の葉《は》をもっています。

土《つち》の上《うえ》に葉《は》がひろがるころになると、根《ね》は地《ち》中《ちゅう》の水《すい》分《ぶん》や養《よう》分《ぶん》を、さかんにすいあげるようになります。でも、まだしばらくのあいだは、たねいものでんぷんと、根《ね》からすいあげた水《すい》分《ぶん》や養《よう》分《ぶん》の両《りょう》方《ほう》をつかって生《せい》長《ちょう》していきます。

⬆芽《め》がでそろったジャガイモ畑《ばたけ》（6月上旬《がつじょうじゅん》，嬬恋《つまごい》の農場《のうじょう》）

⬅芽《め》がでたころの地下《ちか》には，根《ね》がびっしりとはりめぐらされています。一つのいもから芽《め》がたくさんでたときは，元気《げんき》のよい芽《め》を2～3本《ぼん》のこして，のこりはつみとります。

夕方《ゆうがた》の葉《は》。葉《は》はおきあがり，夜《よる》の間《あいだ》はずっととじています。

昼《ひる》の葉《は》。横《よこ》にひらいて，太陽《たいよう》の光《ひかり》をいっぱいうけるようにしています。

動《うご》いている葉《は》

育《そだ》ちざかりのジャガイモの若《わか》い葉《は》は動《うご》いています。動《うご》くといっても、人間《にんげん》の目《め》に見《み》えるはやさではありません。昼《ひる》は葉《は》を横《よこ》にひろげ、夜《よる》になると葉《は》を上《うわ》むきにとじています。

ジャガイモの茎《くき》の先《さき》には、これからのびてくる茎《くき》や葉《は》のもとをつくるたいせつな部分《ぶぶん》があります。夜《よる》になると、まわりの葉《は》が、この部分《ぶぶん》をつつむようにとじています。

ジャガイモが芽《め》をだすころは、まだ寒《さむ》さがのこっていて、夜《よる》になると霜《しも》がおりることがあります。生長《せいちょう》にたいせつな部分《ぶぶん》を、まわりの葉《は》がつつみこんで、少《すこ》しでも寒《さむ》さからまもろうとしているのでしょうか。

⬆動《うご》くジャガイモの葉《は》。葉《は》を2枚《まい》だけのこし，ほかはぜんぶ切《き》りとって，ひらいていた葉《は》がとじていくところを長時間《ちょうじかん》かけて連続撮影《れんぞくさつえい》しました。

養分《ようぶん》をよこどりしたり，日《ひ》かげをつくって生長《せいちょう》をさまたげる雑草《ざっそう》をとりのぞきます。

じょうぶに育《そだ》てるために

ジャガイモが地上《ちじょう》に芽《め》をだすと、いろいろな虫《むし》がやってきます。葉《は》や茎《くき》を食《た》べる虫《むし》、いもを食《た》べる虫《むし》、病気《びょうき》をうつす虫《むし》など、ジャガイモに害《がい》をあたえる虫《むし》は、たくさんいます。

虫《むし》に食《た》べられないように、病気《びょうき》にかからないように薬《くすり》をまきます。また、生長《せいちょう》をさまたげる雑草《ざっそう》もとりのぞきます。

⬆トラクターによる薬《くすり》まき。虫《むし》を殺《ころ》す薬《くすり》と病気《びょうき》を予防《よぼう》する薬《くすり》をいっしょにまいています。（6月上旬《がつじょうじゅん》，嬬恋《つまごい》の農場《のうじょう》）

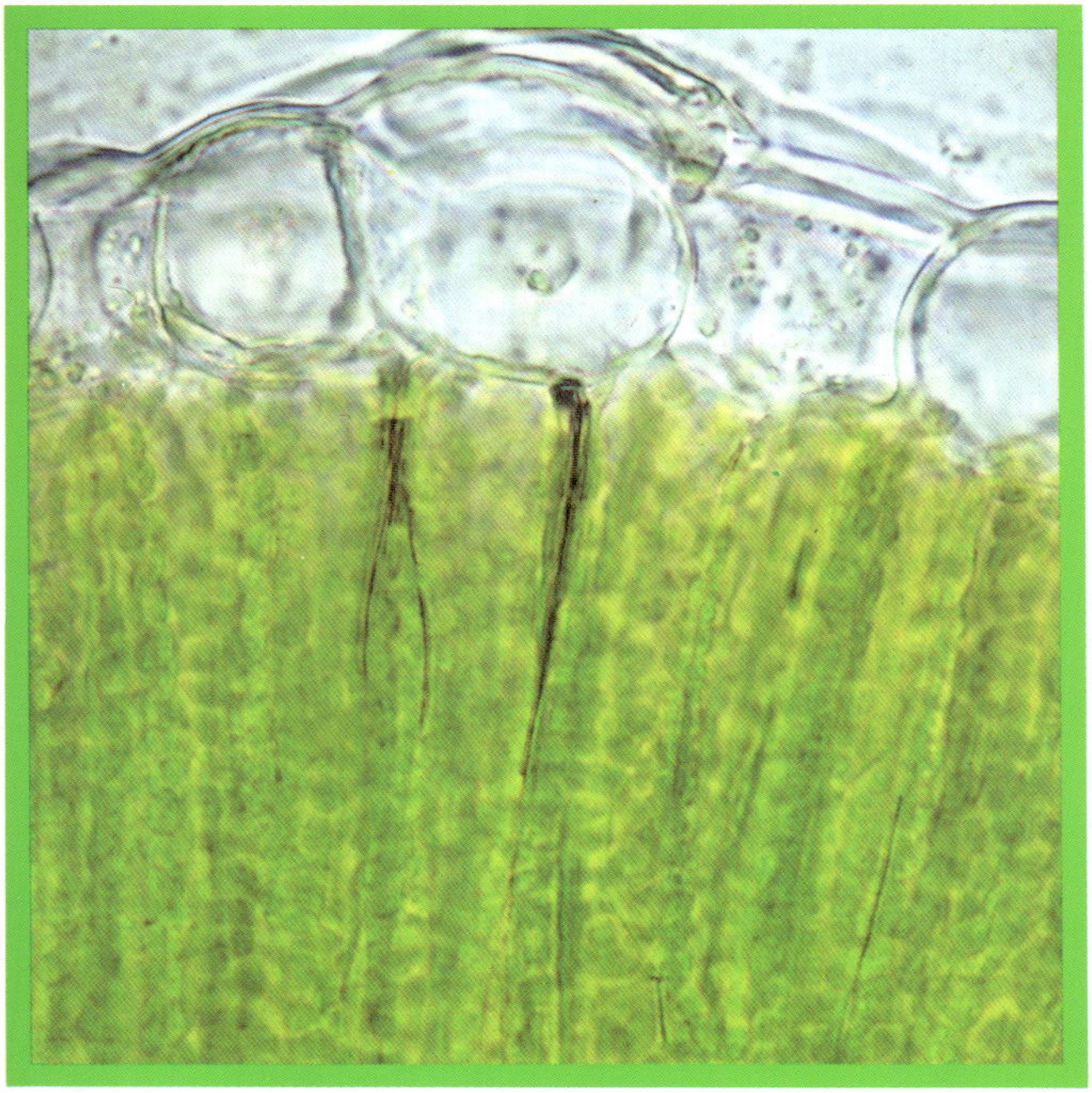

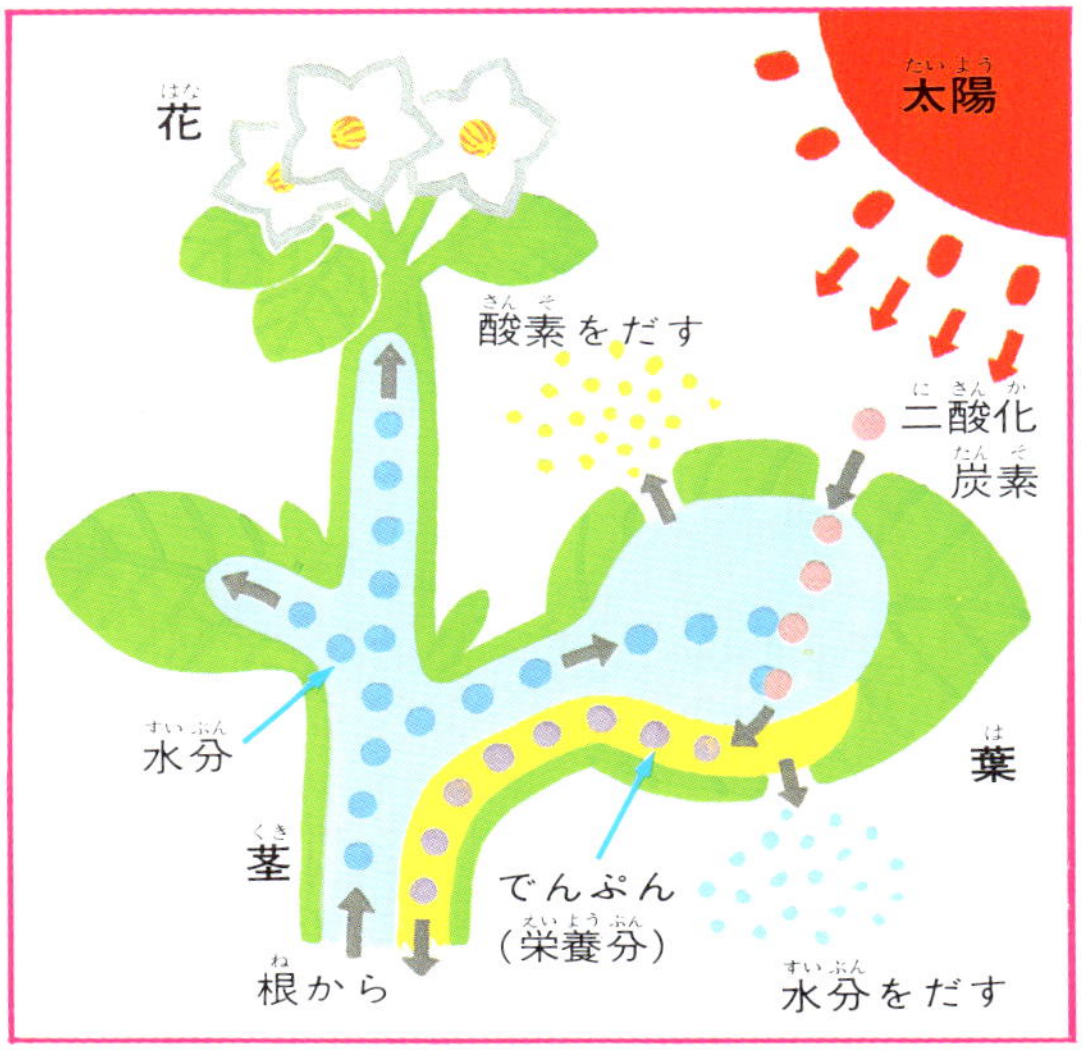

←葉《は》の表面《ひょうめん》付近《ふきん》の断面《だんめん》。緑色《みどりいろ》のまるいつぶが葉緑体《ようりょくたい》です。

葉《は》のしくみ

四月《がつ》中旬《ちゅうじゅん》、春《はる》の日《ひ》ざしをうけて、ジャガイモの葉《は》や茎《くき》がすくすく育《そだ》ちます。

ジャガイモの葉《は》では、光合成《こうごうせい》といって、生《い》きるためにかかせない栄養分《えいようぶん》、でんぷんづくりをしています。

でんぷんをつくるためには、根《ね》からすいあげた水《みず》と、空気中《くうきちゅう》からとりいれた二《に》酸化炭素《さんかたんそ》、それに太陽《たいよう》の光《ひかり》が必要《ひつよう》です。

二酸化炭素《にさんかたんそ》は、葉《は》にある気孔《きこう》からとりいれます。太陽《たいよう》の光《ひかり》は、葉《は》の中《なか》にぎっしりつまった小《ちい》さなつぶ、葉緑体《ようりょくたい》でうけとめます。そのため、葉《は》は光《ひかり》をうけやすいように、かさならずにでています。

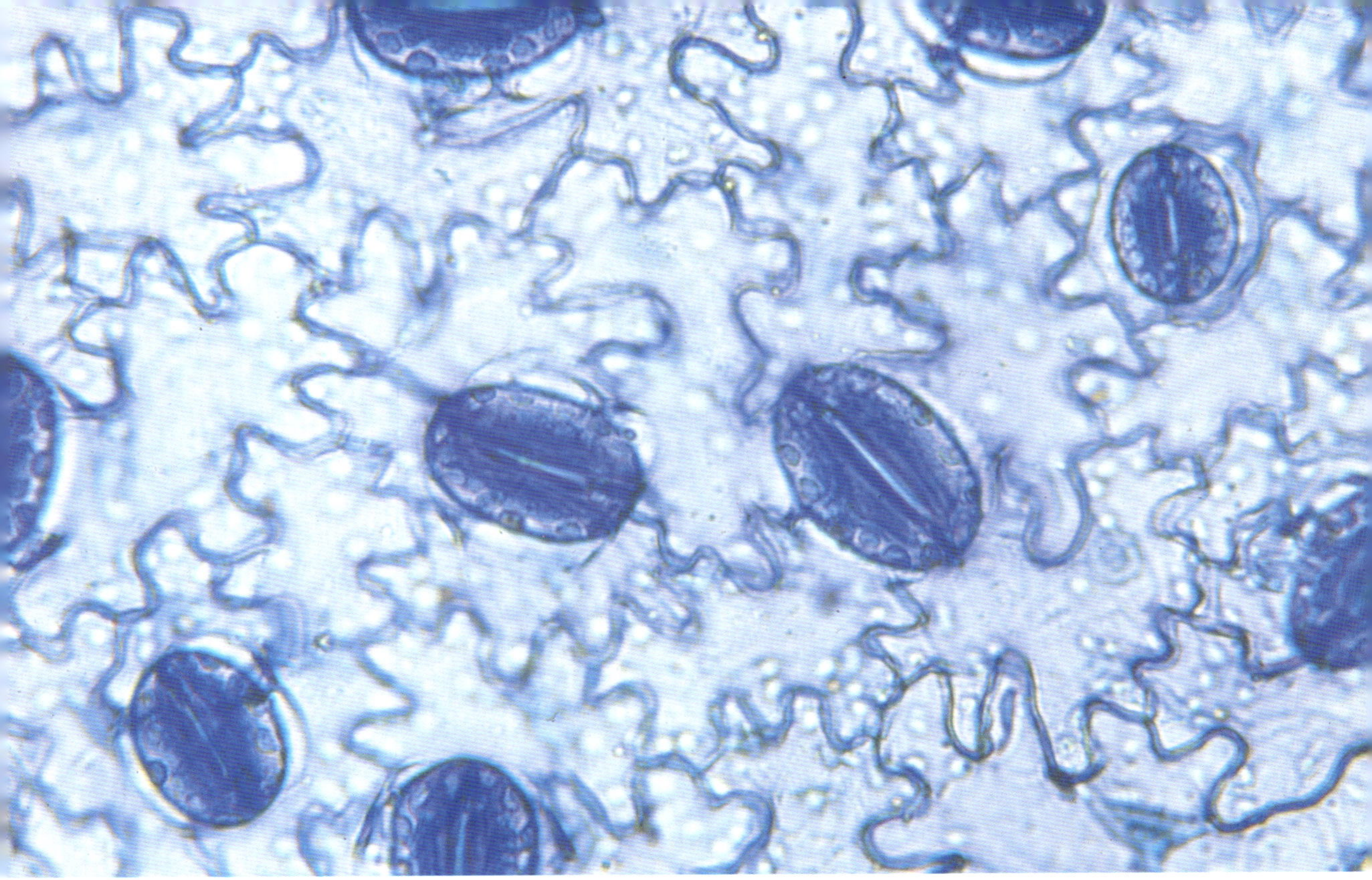

⬆ジャガイモの葉《は》の気孔《きこう》。葉《は》のうら側《がわ》にたくさんあります。二酸化炭素《にさんかたんそ》をとりいれるだけでなく，でんぷんづくりのときにできる酸素《さんそ》などもだします。

⬆からだの中《なか》のあまった水分《すいぶん》は，ふだんは気孔《きこう》から水蒸気《すいじょうき》にしてだしますが，空気《くうき》中《ちゅう》の水分《すいぶん》が多《おお》くなったりすると，水孔《すいこう》というあなから，水《すい》てきにしてだします。

➡まんべんなく光《ひかり》をうけるようにでた葉《は》。

➡あおあおとしげったジャガイモの地上部分《ちじょうぶぶん》。このころは，たねいもの養分《ようぶん》にほとんどたよらず，地上《ちじょう》の葉《は》で養分《ようぶん》づくりをしています。（7月上旬《がつじょうじゅん》，嬬恋《つまごい》の農場《のうじょう》）

茎《くき》のしくみ

茎《くき》は、ジャガイモのからだを地上《ちじょう》にまっすぐに立《た》て、葉《は》をひろげるために必要《ひつよう》です。

また、茎《くき》は地下《ちか》からすいあげた水分《すいぶん》や養分《ようぶん》の通《とお》り道《みち》にもなっています。

水分《すいぶん》や養分《ようぶん》のあるものは葉《は》にはこばれて、でんぷんづくりにつかわれ、あるものは茎《くき》の先《さき》にはこばれて、茎《くき》をのばしたり新《あたら》しい葉《は》をつくるためにつかわれます。

葉《は》でつくられたでんぷんは、生長《せいちょう》のためにつかわれるだけではありません。一部《いちぶ》は茎《くき》を通《とお》って地下《ちか》へはこばれていきます。

地下《ちか》にはこばれたでんぷんは、どうなるのでしょう。

↑↖色《いろ》水《みず》をすわせてから茎《くき》を切《き》ってみました。赤《あか》い部《ぶ》分《ぶん》が水《みず》や養《よう》分《ぶん》の通《とお》る管《くだ》。

↓茎《くき》が生長《せいちょう》してくると，茎《くき》の外側《そとがわ》にぎざぎざしたでっぱりが何本《なんぼん》もでてきます。茎《くき》を強《つよ》くしてたおれにくくしています。

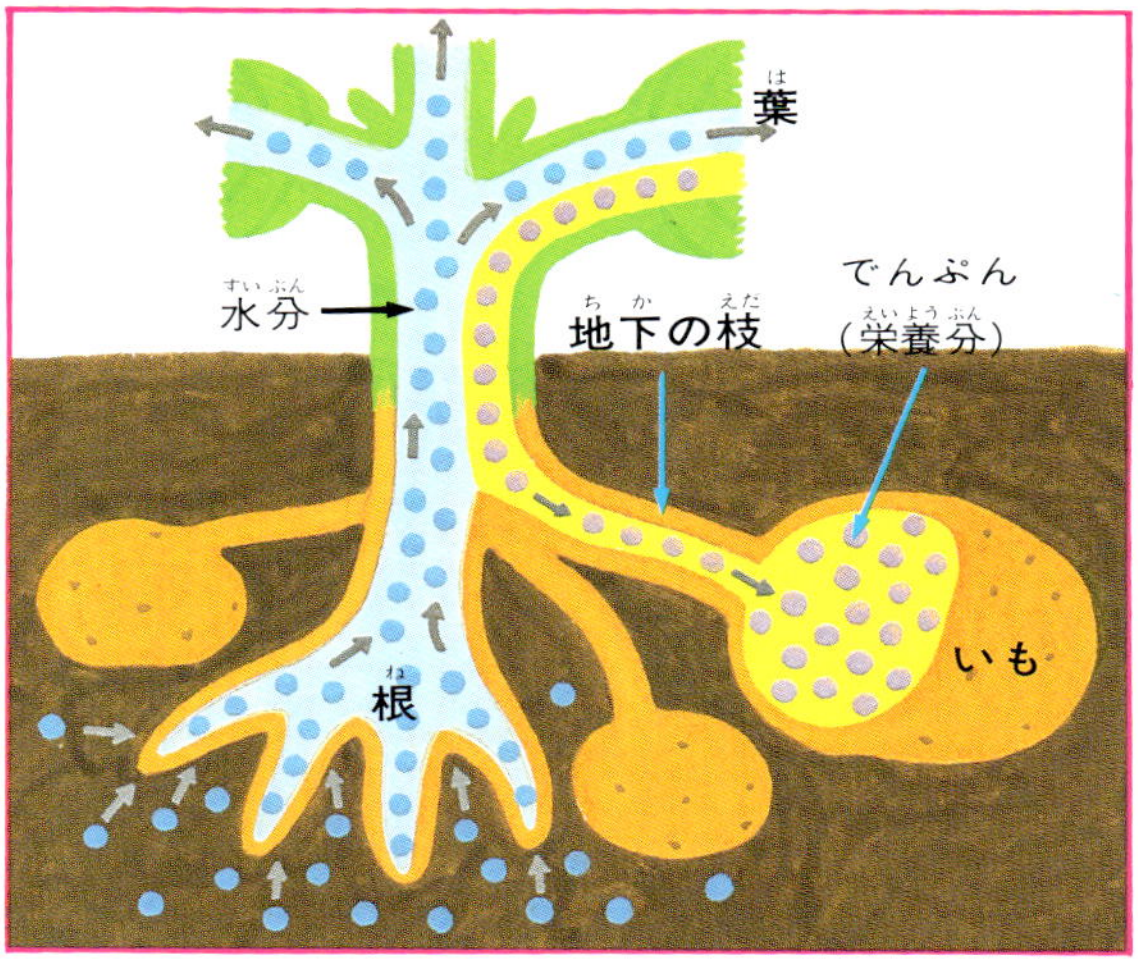

地下《ちか》の変化《へんか》

地上《ちじょう》に葉《は》がしげるころ、地下《ちか》はどうなっているのでしょう。土《つち》をほってみると、根《ね》のつけねから、根《ね》とはちがう枝《えだ》のようなものがでていました。

しばらくして見《み》ると、その枝先《えださき》がふくらみはじめていました。そうです。新《あたら》しいいもができはじめていたのです。地下《ちか》にはこばれたでんぷんは、いもづくりのためにつかわれていたのです。

⬇地下《ちか》にのびた枝先《えださき》がふくらんでいくようす。ふくらみはじめて約《やく》2週間《しゅうかん》で，アズキつぶの大《おお》きさになります。

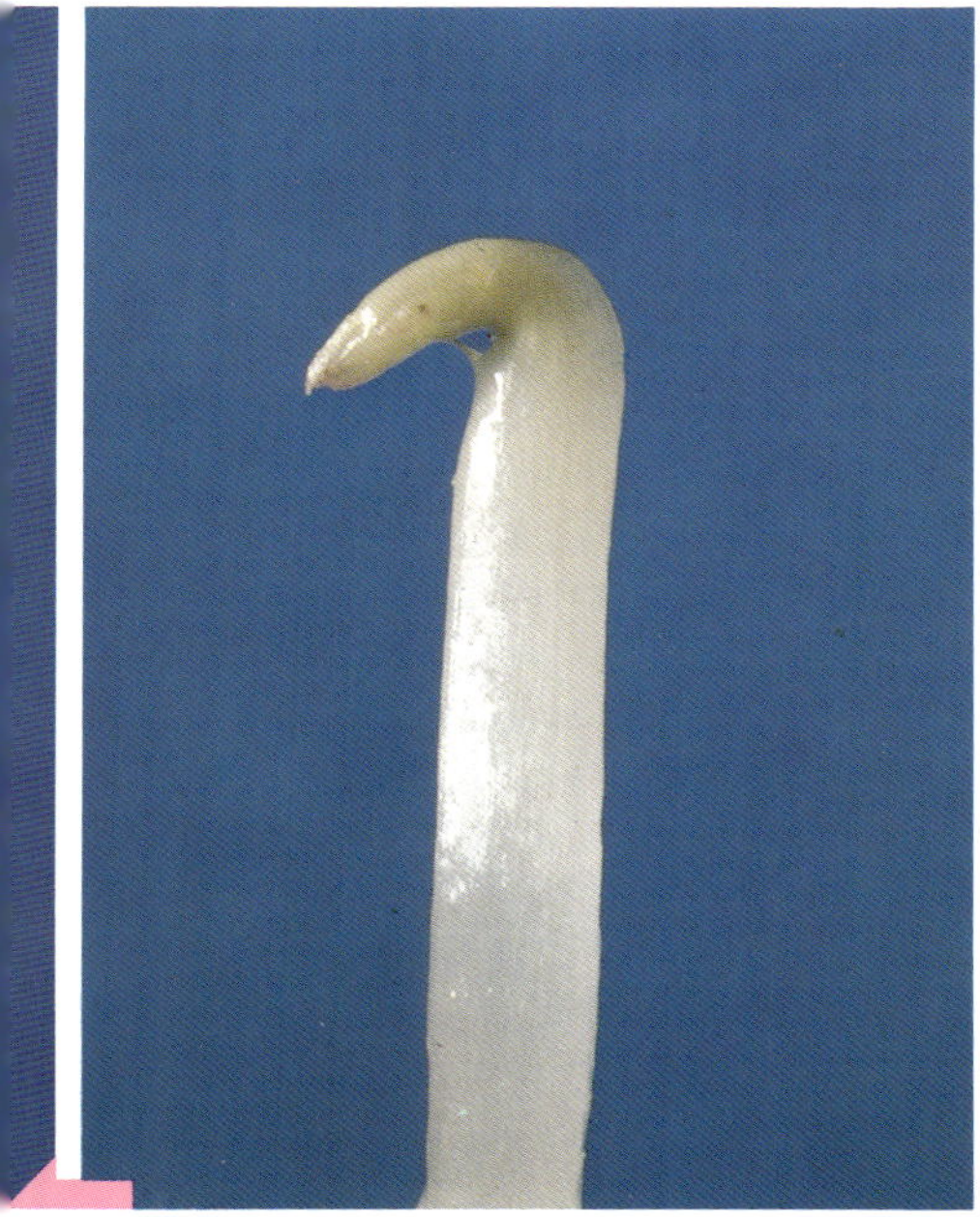

⬆いもになる枝《えだ》は，１本《ぽん》の茎《くき》から10～20本《ぽん》でますが，大《おお》きないもをつくるのは，そのうちの４～６本《ぽん》です。いもになる枝《えだ》は，地上《ちじょう》に芽《め》がでてから２～３日後《にちご》にのびはじめ，10～15日《にち》くらいのびつづけたあと，先《さき》がふくらみはじめます。

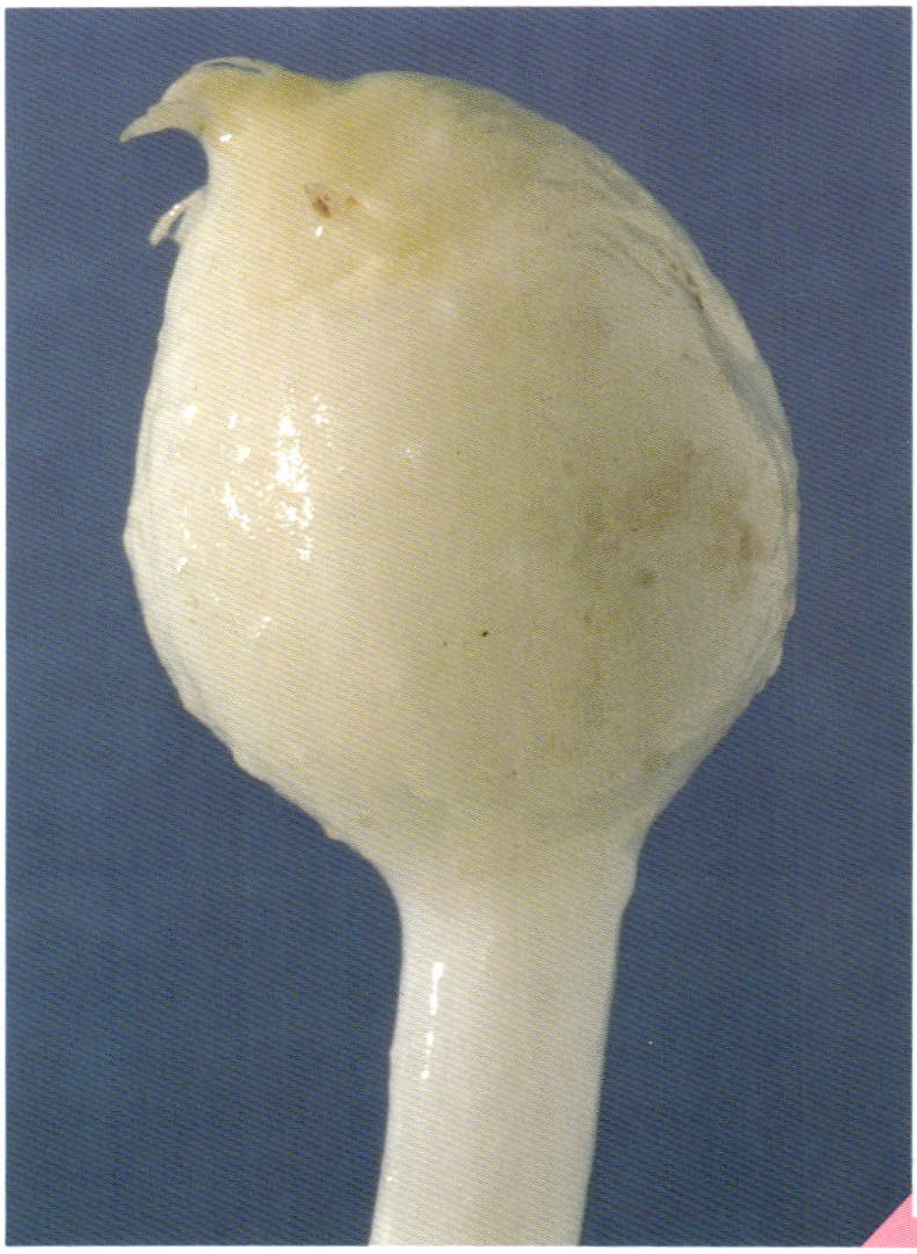

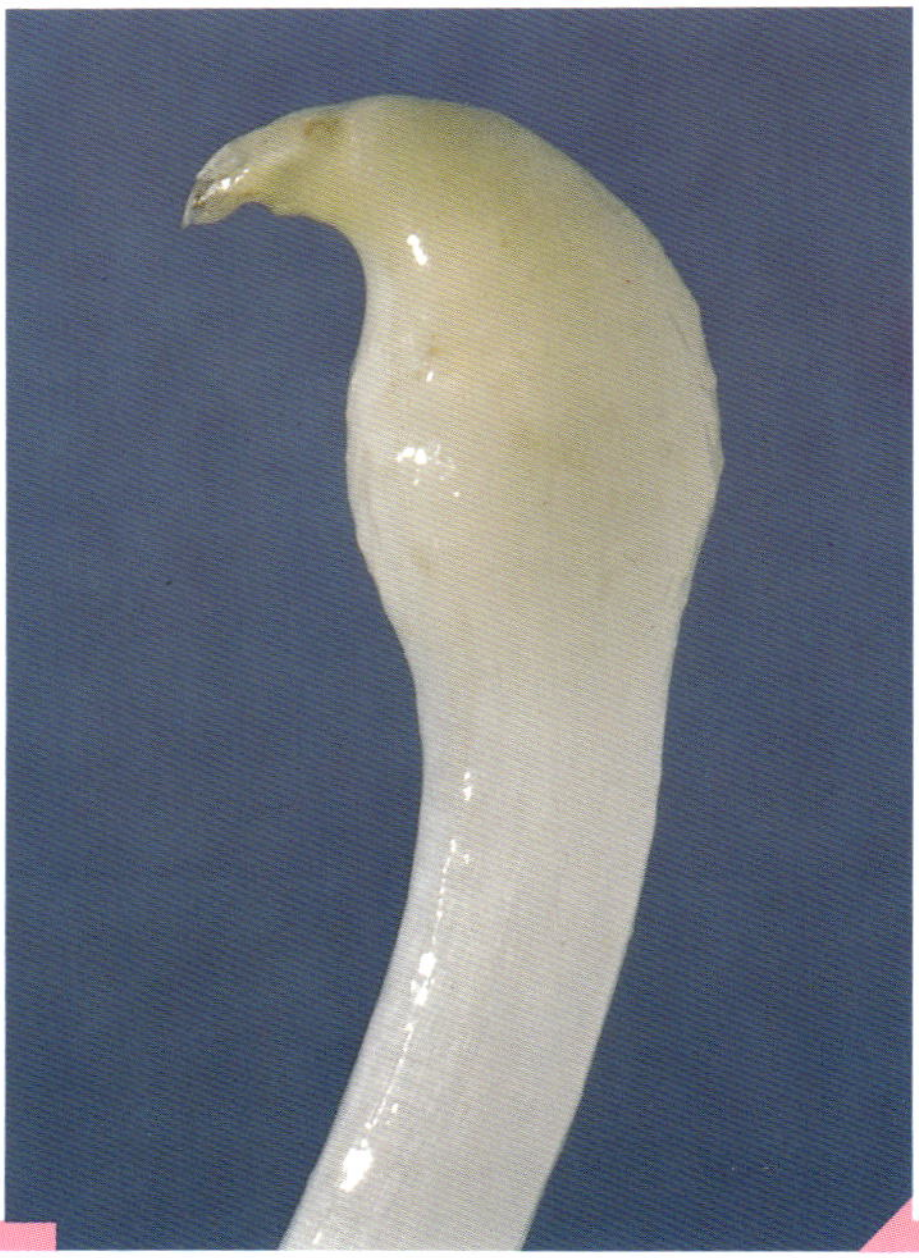

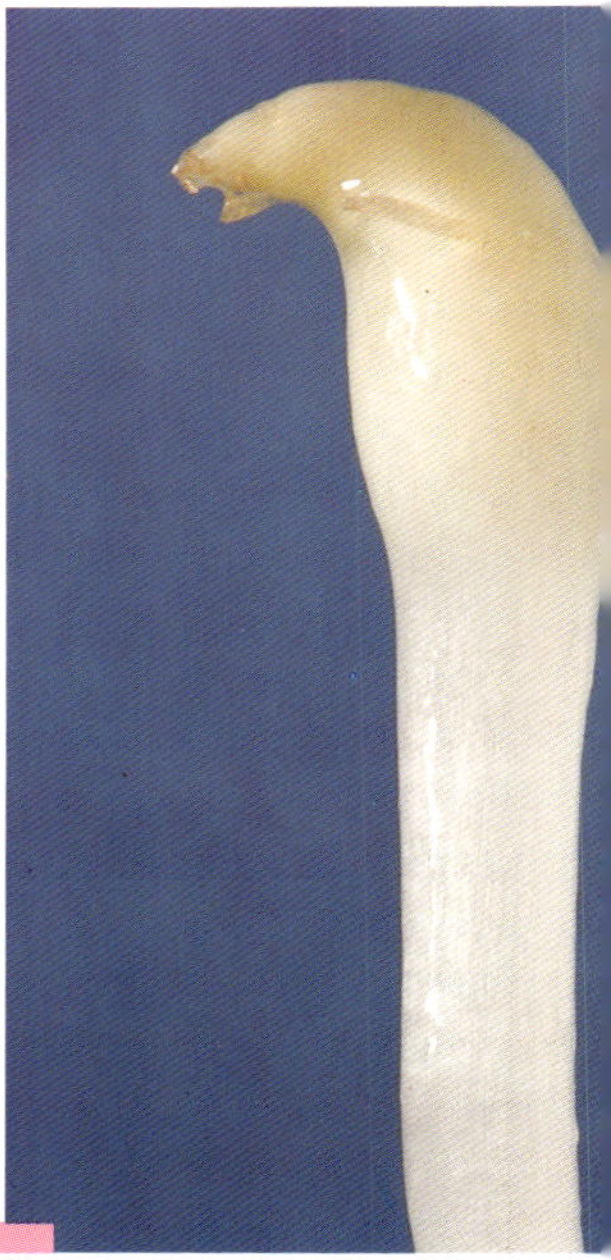

右《みぎ》は昼《ひる》の花《はな》，左《ひだり》は夜《よる》の花《はな》。一本《ぽん》の枝《えだ》に小《ちい》さな花《はな》が10〜20くらいさきます。

花《はな》がさいた

五月《がつ》下《げ》旬《じゅん》、初夏《しょか》の風《かぜ》がふきはじめると、ジャガイモ畑《ばたけ》に花《はな》がさきます。花《はな》は昼《ひる》の間《あいだ》ひらいていますが、夜《よる》になるととじてしまいます。そして、一つの花《はな》は二〜三日《にち》でしぼんでしまいます。

つぼみができ、花《はな》がさきはじめると、地下《ちか》のいもはきゅうに太《ふと》りだします。

花《はな》がさき，白《しろ》いじゅうたんのように見《み》えるジャガイモ畑《ばたけ》。
（７月上旬《がつじょうじゅん》，嬬恋《つまごい》の農場《のうじょう》）

ジャガイモの花《はな》のいろいろ

白《しろ》い花《はな》、赤《あか》い花《はな》、紫色《むらさきいろ》の花《はな》、みんなジャガイモの花《はな》です。

とくに野生《やせい》のジャガイモの花《はな》は、色《いろ》とりどりです。

花《はな》の色《いろ》や形《かたち》をくらべてみましょう。みんなちがっています。

でも、どこかにているところもあります。

花《はな》の色《いろ》は、はじめは濃《こ》く、時間《じかん》がたつにつれて、だんだんうすくなってきます。しかし、色《いろ》が変《か》わることはありません。

● さいばい用《よう》のジャガイモの花《はな》

野生《やせい》のジャガイモの花《はな》

⬅五月《がつ》下旬《げじゅん》、花《はな》ざかりのころのジャガイモの地上部《ちじょうぶ》と地下部《ちかぶ》。土《つち》の中《なか》では、ニワトリのたまごくらいの大《おお》きさに育《そだ》ったいももあります。このころは、いもがもっとも太《ふと》る時期《じき》です。

花《はな》を切《き》ってみたところ。花《はな》びらの外側《そとがわ》のがくは，花《はな》びらをささえています。

花《はな》のしくみ

ジャガイモの花《はな》は、花《はな》びらが五枚《まい》、星《ほし》形《がた》にみえるのがとくちょうです。花《はな》びらは、ぜんぶつながっています。

めしべは一本《ぽん》、おしべは、めしべをとりまくようにして五本《ほん》あります。

花《はな》のたいせつなやくめは、たねをつくることです。おしべの花粉《かふん》がめしべの頭《あたま》につくと、やがてめしべのもとにある子《し》房《ぼう》がふくらんで、実《み》ができます。たねはこの実《み》の中《なか》にできています。

しかし、実際《じっさい》には、さいばいしているジャガイモの多《おお》くは、花《はな》がさいても実《み》ができません。

↑つぼみを横《よこ》に切《き》ったところ。中央《ちゅうおう》がめしべ。そのまわりがおしべ。おしべのまわりの白《しろ》い部分《ぶぶん》は花《はな》びら，緑色《みどりいろ》の部分《ぶぶん》ががく。

←上《うえ》，おしべとめしべ。めしべの頭《あたま》には花粉《かふん》がついています。中《なか》，めしべの頭《あたま》。花粉《かふん》がつきやすいように突起《とっき》があり，しめり気《け》をおびています。下《した》，おしべの先《さき》。花粉《かふん》をだすあなが二つあいています。

↓ジャガイモの花粉《かふん》。品種《ひんしゅ》によって花粉《かふん》がまったくできなかったり，できても実《み》をむすばないジャガイモもあります。

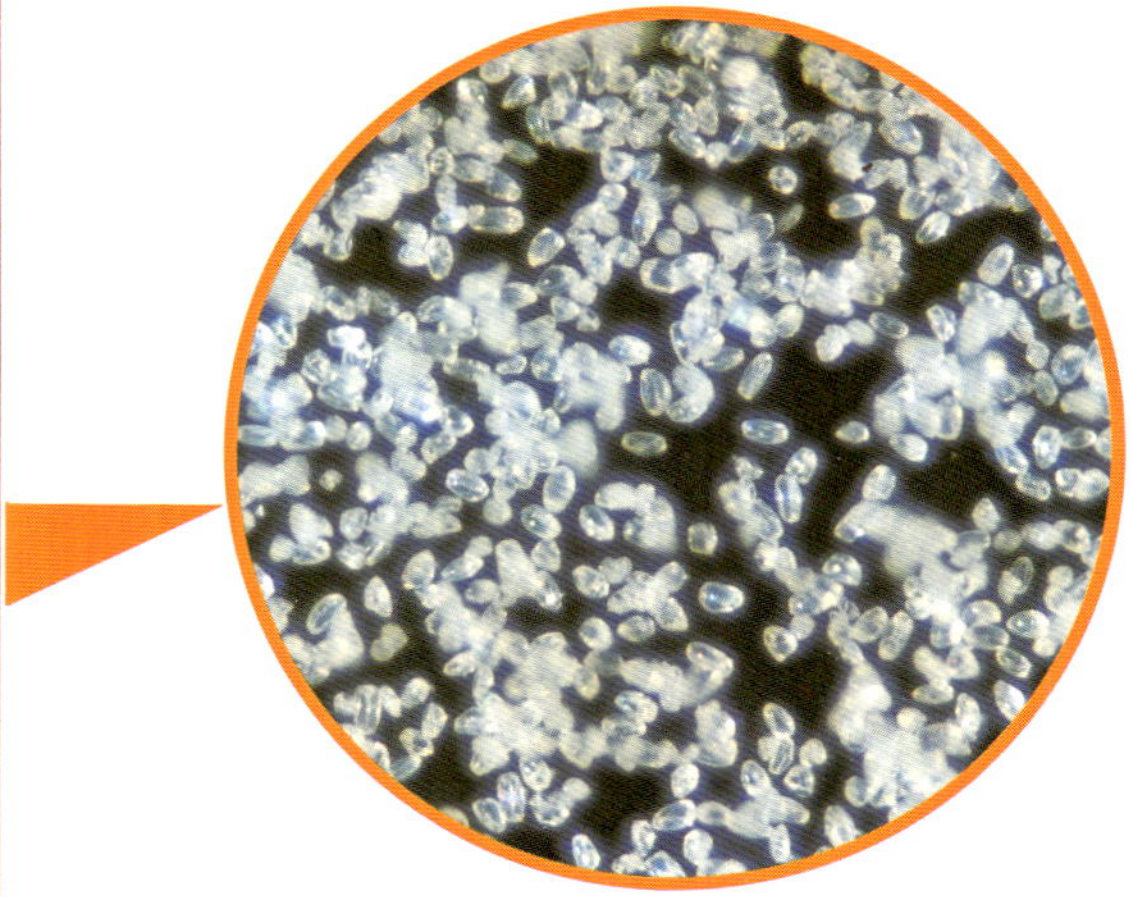

↑花粉《かふん》をもとめてやってきたヒラタアブの一種《しゅ》。

ジャガイモ畑《ばたけ》の生《い》きもの

ジャガイモ畑《ばたけ》には、さまざまな生《い》きものがやってきます。アブラムシは葉《は》や茎《くき》からしるをすい、オオニジュウヤホシテントウは葉《は》を食《た》べます。

でも、アブラムシはテントウムシに、オオニジュウヤホシテントウはカエルに、カエルは鳥《とり》に食《た》べられる……。ここは、食《た》べたり食《た》べられたりの世界《せかい》なのです。

↓上《うえ》，針《はり》のような口《くち》でしるをすい，病気《びょうき》をうつすアブラムシ。下《した》，アリはアブラムシを敵《てき》からまもるかわりに，蜜《みつ》をもらいます。

↑オオニジュヤホシテントウは，成虫《せいちゅう》（上《うえ》）
←も幼虫《ようちゅう》（左《ひだり》）も葉《は》を食《く》いあらします。

↑ナナホシテントウは，成虫《せいちゅう》（右《みぎ》）も幼《よう》
→虫《ちゅう》（上《うえ》）もアブラムシを食《た》べます。

↑クモは，いろいろな昆虫《こんちゅう》を食《た》べます。
←アマガエルは，昆虫《こんちゅう》やクモを食《た》べます。
でも，ヘビや鳥《とり》に食《た》べられてしまいます。

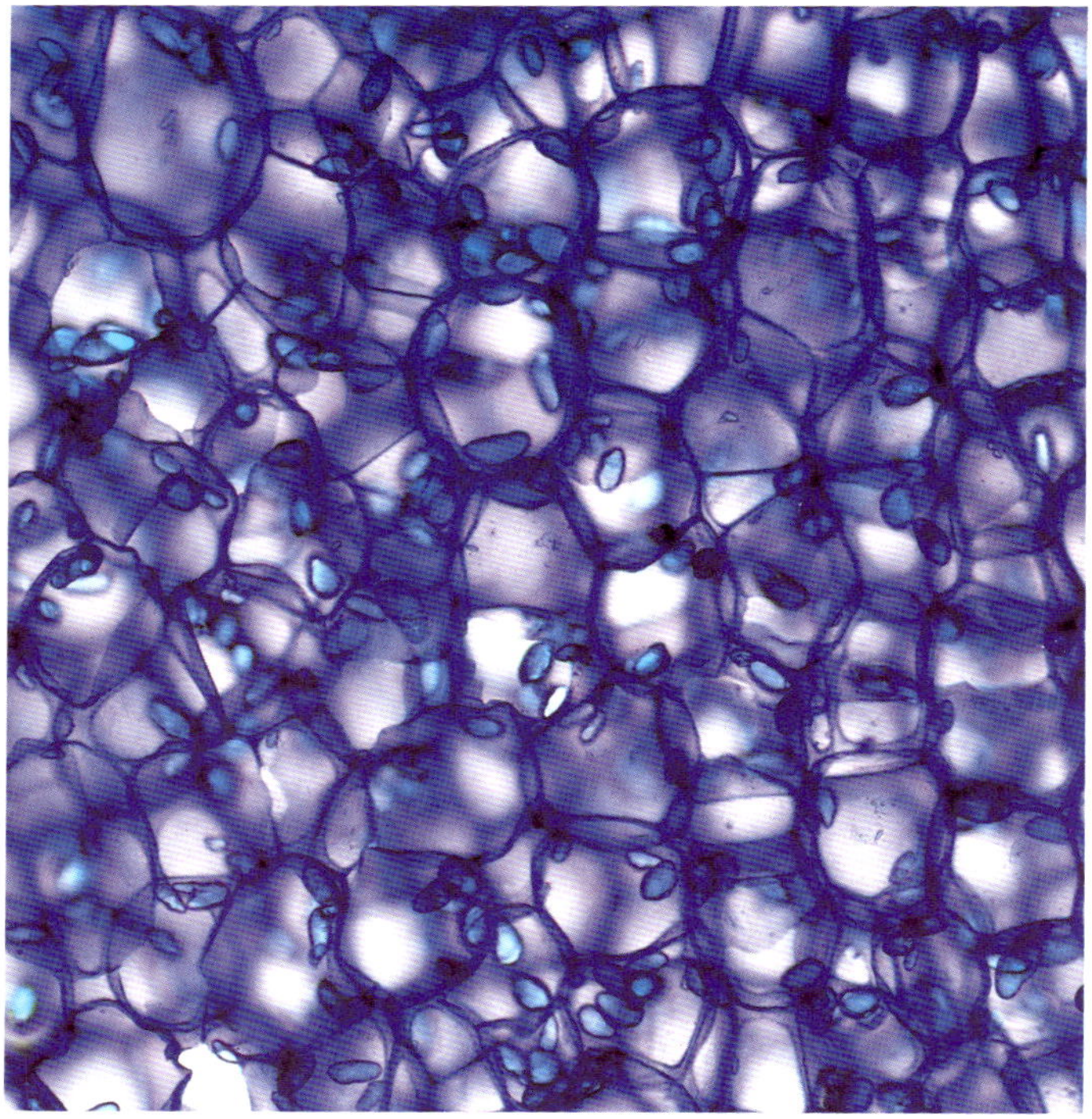

↑← 4月《がつ》下旬《げじゅん》, いもになる枝《えだ》がどんどんのびはじめたころのたねいも。細《さい》ぼうの中《なか》には, まだ少《すこ》しでんぷんのつぶがあります。ヨード液《えき》をつけてみると, わずかに黒紫色《こくししょく》になりました。

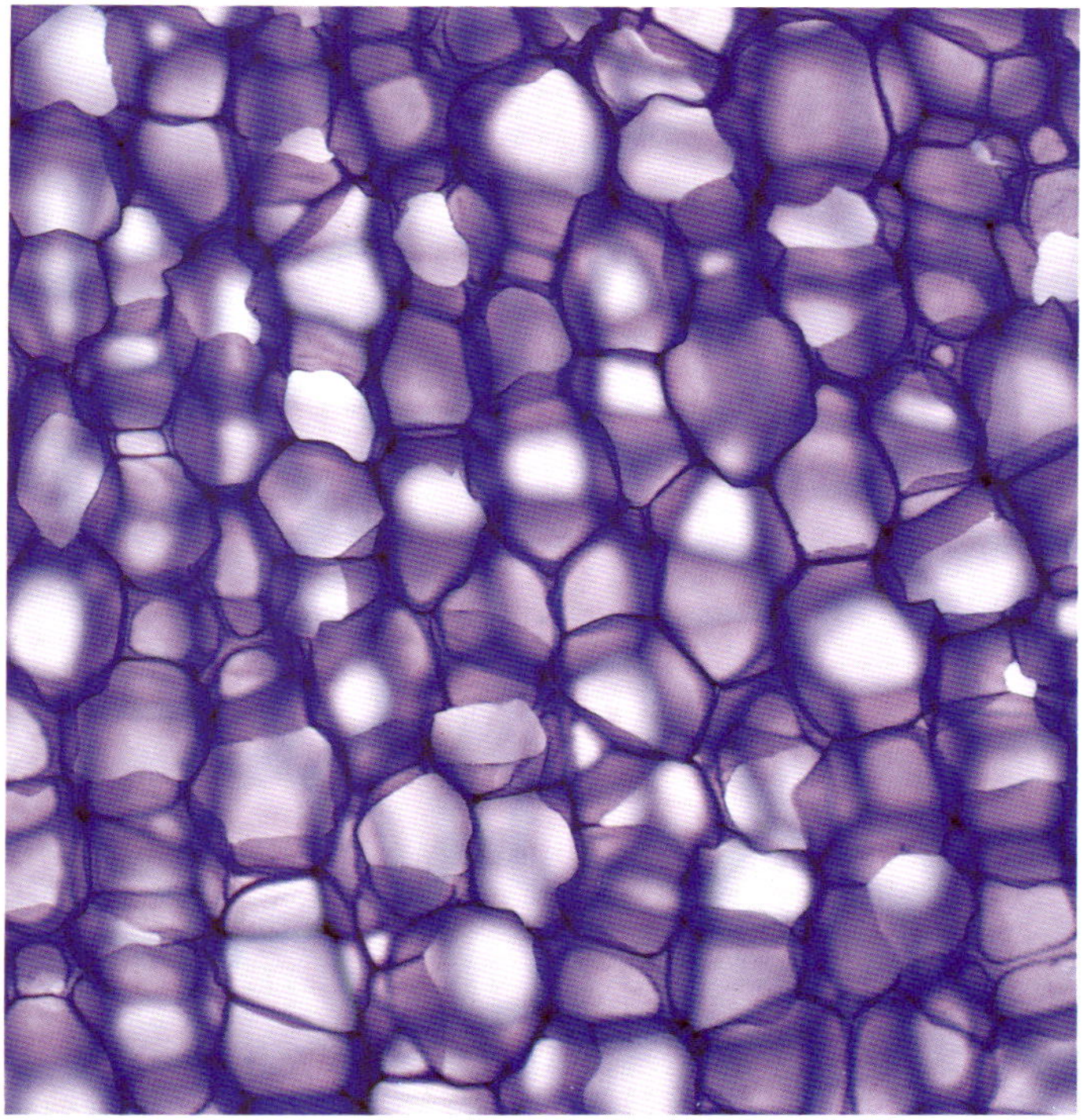

←↓ 5月《がつ》中旬《ちゅうじゅん》, 新《あたら》しいいもがピンポン玉《だま》くらいの大《おお》きさになったころのたねいも。たねいものでんぷんは, まったくなくなっていました。ヨード液《えき》をつけても, 少《すこ》しも反応《はんのう》しませんでした。

6月上旬《がつじょうじゅん》，たねいもと新《あたら》しいいも。たねいもはすっかり養分《ようぶん》をつかいはたし，くさりはじめています。一方《いっぽう》，新《あたら》しいいもは，葉《は》でつくったでんぷんをどんどんたくわえて，日《ひ》ましに太《ふと》っていきます。

養分《ようぶん》をつかいつくしたたねいも

いままでたねいもは芽《め》をだしたり、根《ね》をだしたり、葉《は》や茎《くき》がでてくると、その生長《せいちょう》のための養分《ようぶん》をあたえてきました。

しかし、地上《ちじょう》に葉《は》や茎《くき》がしげり、根《ね》から水分《すいぶん》や養分《ようぶん》をすいあげ、葉《は》で養分《ようぶん》づくりができるようになるころには、そのやくめもほとんどおわっています。

地上《ちじょう》には花《はな》、地下《ちか》には新《あたら》しいいもがどんどん太《ふと》っているころには、たねいもはすっかり養分《ようぶん》をつかいつくしています。

ためしに土《つち》をほってみました。ずっしりと重《おも》い新《あたら》しいいものそばには、すかすかになった軽《かる》いたねいもがありました。

収穫《しゅうかく》の季節《きせつ》をむかえたジャガイモ畑《はたけ》。（8月《がつ》下旬《げじゅん》，嬬恋《つまごい》の農場《のうじょう》）

収穫《しゅうかく》の季節《きせつ》

六月《がつ》下旬《げじゅん》〜七月《がつ》上旬《じょうじゅん》、ジャガイモの茎《くき》や葉《は》が黄色《きいろ》くなってきました。地上《ちじょう》部分《ぶぶん》の活動《かつどう》が弱《よわ》まり、でんぷんづくりもほとんどおこなわれなくなると、地下《ちか》のいもは、これ以上《いじょう》太《ふと》ることをやめてしまいます。

いよいよ収穫《しゅうかく》の季節《きせつ》です。天気《てんき》のよい日《ひ》をえらんでいもをほりましょう。

いま、こうしてたねいもからできた新《あたら》しいいもは、昨年《さくねん》のいもの生《う》まれかわりです。去年《きょねん》の茎《くき》や葉《は》、根《ね》をうしなったいもに、ふたたび茎《くき》や葉《は》、根《ね》、そして、新《あたら》しいいもができたのですから。

↑ジャガイモの収穫《しゅうかく》。大《おお》きな農場《のうじょう》では
トラクターでほりおこしていきます。
（嬬恋《つまごい》の農場《のうじょう》）

←収穫《しゅうかく》したジャガイモを集《あつ》めてトラックにうつし，はこんでいきます。
（嬬恋《つまごい》の農場《のうじょう》）

いろいろなジャガイモ

白《しろ》いいも、赤《あか》いいも、紫色《むらさきいろ》のいも、みんなジャガイモです。

でも、色《いろ》がついているのは皮《かわ》の部分《ぶぶん》だけ。なかみは、みんな白《しろ》かうすい黄色《きいろ》です。

形《かたち》もいろいろです。多《おお》くはまるい形《かたち》をしていますが、細長《ほそなが》いいももあります。みなさんは、どのいもを食《た》べましたか。

●土《つち》からほりだしたいろいろなジャガイモ

まるまると太《ふと》ったジャガイモがたくさんとれました。来年《らいねん》の春《はる》がきたら、また芽《め》をだして、いっぱいいもをつくることでしょう。

＊ジャガイモはどこから？

⬆野生《やせい》のジャガイモ。葉《は》の形《かたち》はいろいろですが，花《はな》はどれもよくにた形《かたち》をしています。

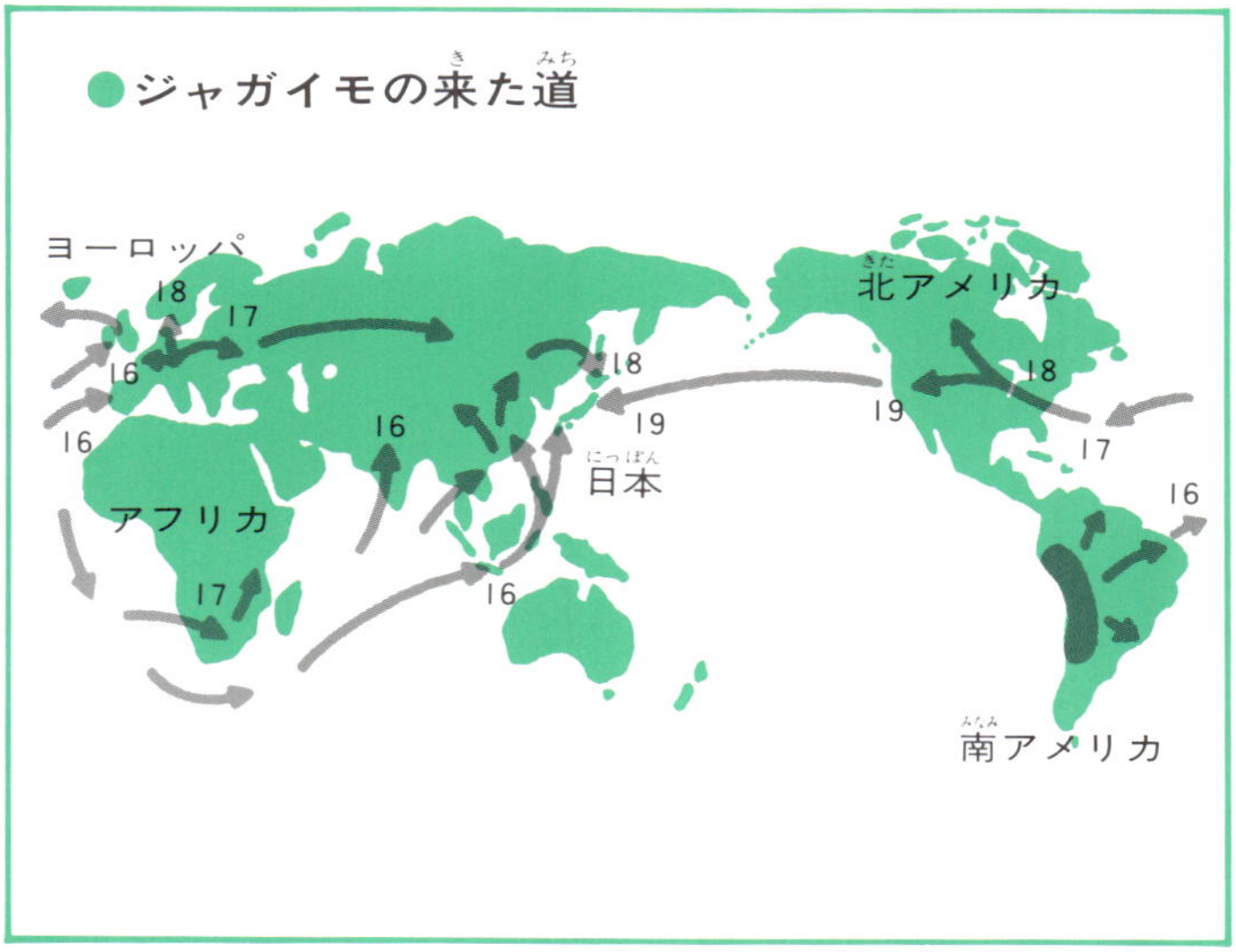

⬆地図上《ちずじょう》の矢印《やしるし》は，ジャガイモが伝《つた》わった経路《けいろ》。数字《すうじ》は伝《つた》わった年代《ねんだい》（世紀《せいき》）をあらわします。

ジャガイモのふるさとは、南《みなみ》アメリカのペルーからチリにかけてのアンデス高原《こうげん》といわれています。そこは標《ひょう》高《こう》が高《たか》く、寒冷《かんれい》な土地《とち》です。

ジャガイモは、はじめは野生《やせい》の植物《しょくぶつ》でしたが、いまから千《せん》五百年《ひゃくねん》ほどまえには、現地《げんち》の人《ひと》びとが畑《はたけ》に植《う》えて育《そだ》て、食用《しょくよう》にしていたようです。

ヨーロッパには、十六世紀《せいき》になってスペイン人《じん》が伝《つた》えました。はじめは食《た》べ方《かた》がわからなかったり、新《あたら》しい食《た》べものに対《たい》する迷信《めいしん》のために、なかなか広《ひろ》まりませんでしたが、たびかさなる飢饉《ききん》や戦争《せんそう》で、ジャガイモの食糧《しょくりょう》としての価値《かち》が知《し》られ、しだいに広《ひろ》まっていきました。

日本《にっぽん》には十六世紀《せいき》のおわりに、オランダ人《じん》がヨーロッパからジャワ島《とう》のジャカルタ経由《けいゆ》で伝《つた》えました。そのためこのいもをジャカルタからきたいも〝ジャガタライモ〟とよんでいましたが、やがて〝ジャガイモ〟とよばれるようになりました。

ジャガイモの品種改良《ひんしゅかいりょう》

▲品種改良《ひんしゅかいりょう》のために花粉《かふん》をあつめて(右《みぎ》)，人工的《じんこうてき》にめしべの頭《あたま》につけ(左《ひだり》)，たねをみのらせます。

品種改良《ひんしゅかいりょう》をするときには，たねから育《そだ》てます。まいたたねからできるいもには，ときにはすぐれた性質《せいしつ》をもったいもができます。そのいもをたねいもにして育《そだ》てれば，あとは同《おな》じ性質《せいしつ》をもったいもがたくさん収穫《しゅうかく》できます。

▲品種改良用《ひんしゅかいりょうよう》に，いろいろな野生《やせい》のジャガイモがあつめられている試験場《しけんじょう》。

ジャガイモは、どうして〝たね〟をまかずに〝いも〟を植《う》えてふやすのでしょうか。

その理由《りゆう》のひとつは、たねをまいて育《そだ》てると、日数《にっすう》やてまがかかるわりに、あまりたくさんいもがとれないからです。

また、たねをまいて育《そだ》てても、かならずしも親《おや》と同《おな》じ性質《せいしつ》をもったいもができるとはかぎりません。とくにジャガイモにはこの性質《せいしつ》が強《つよ》いのです。

たねは、おしべの花粉《かふん》とめしべのたまごがいっしょになってできます。花粉《かふん》やたまごの中《なか》には、いろいろな性質《せいしつ》の遺伝《いでん》子《し》がはいっているので、できたたねにもいろいろな性質《せいしつ》がうけつがれています。そのとき病気《びょうき》に弱《よわ》かったり、でんぷんが少《すく》なかったり、悪《わる》い性質《せいしつ》をもったものばかりだとこまります。

一方《いっぽう》、いもは土《つち》の中《なか》の枝《えだ》がふくらんだものですから、親《おや》とまったく同《おな》じ性質《せいしつ》をうけついでいます。このようなふえ方《かた》は、よいいもだけをふやすさいばいには適《てき》しています。

現在《げんざい》では、人間《にんげん》が改良《かいりょう》したために、花《はな》がさかなかったり、さいても実《み》やたねができないジャガイモも多《おお》くあります。

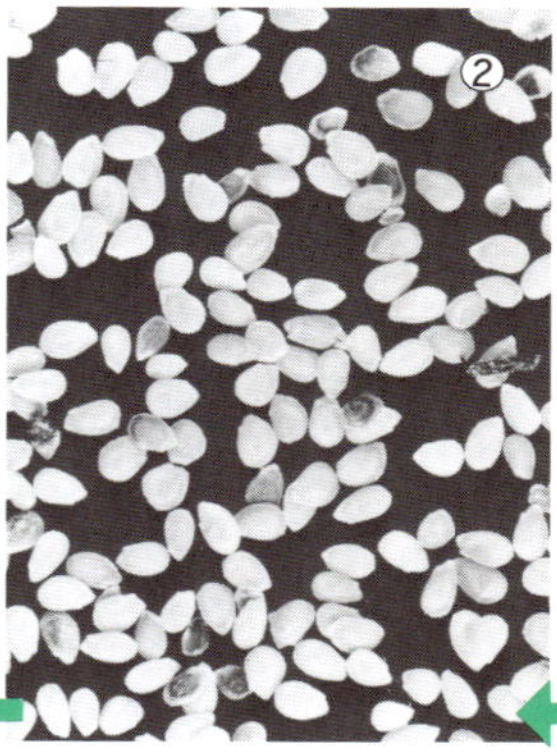

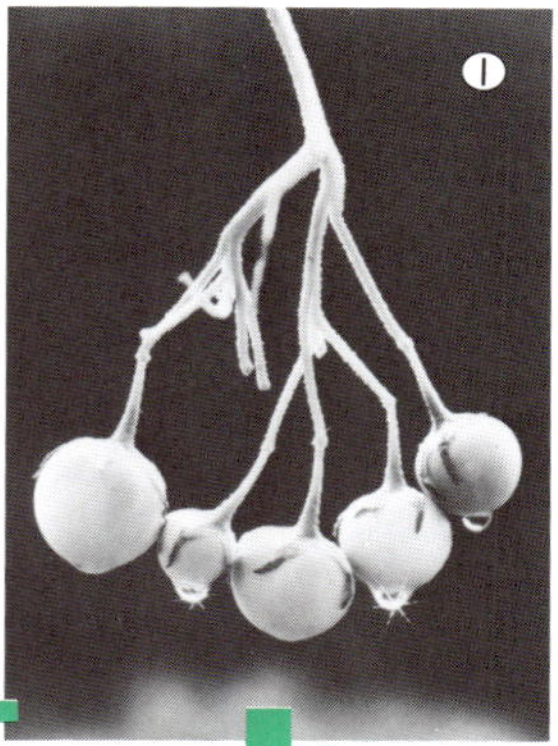

①ジャガイモの実《み》。
②実《み》からとれたたね。
③たねからの芽《め》ばえ（子葉《しよう》）。
④本葉《ほんば》がでてきた。
⑤子葉《しよう》のつけねから枝《えだ》がでてきて数日《すうじつ》で土《つち》の中《なか》にもぐった。
⑥しばらくして土《つち》をほりおこすと，枝《えだ》さきにいもができていた。

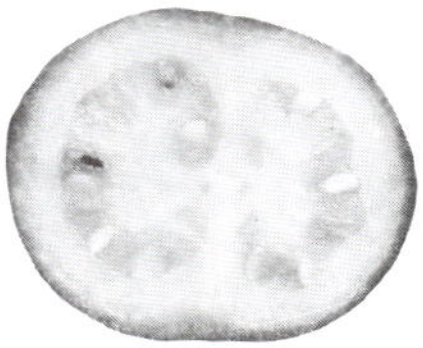
▲実《み》の断面《だんめん》。

たねからできるジャガイモ

もしジャガイモに実《み》ができてたねがとれたら、そのたねをまいて育《そだ》ててみましょう。

最初《さいしょ》にでてくる芽《め》は子葉《しよう》です。つづいて本葉《ほんば》がでてきます。やがて子葉《しよう》のつけねからは小《ちい》さな枝《えだ》もでてきます。

ところが、この枝《えだ》にはおもしろい性質《せいしつ》があります。上《うえ》にのびず下《した》にのびていき、ついには土《つち》の中《なか》にもぐりこんでしまうことがあります。しばらくして土《つち》をほってみると、もぐりこんだ枝《えだ》さきに〝いも〟ができています。

このようにたねから育《そだ》てると、ジャガイモが枝《えだ》の変化《へんか》したもの、つまり茎《くき》の変化《へんか》したものであることが、よくわかります。枝《えだ》は茎《くき》の変化《へんか》したものなのです。

※写真①提供＝小野寺良、③＝埴沙萠

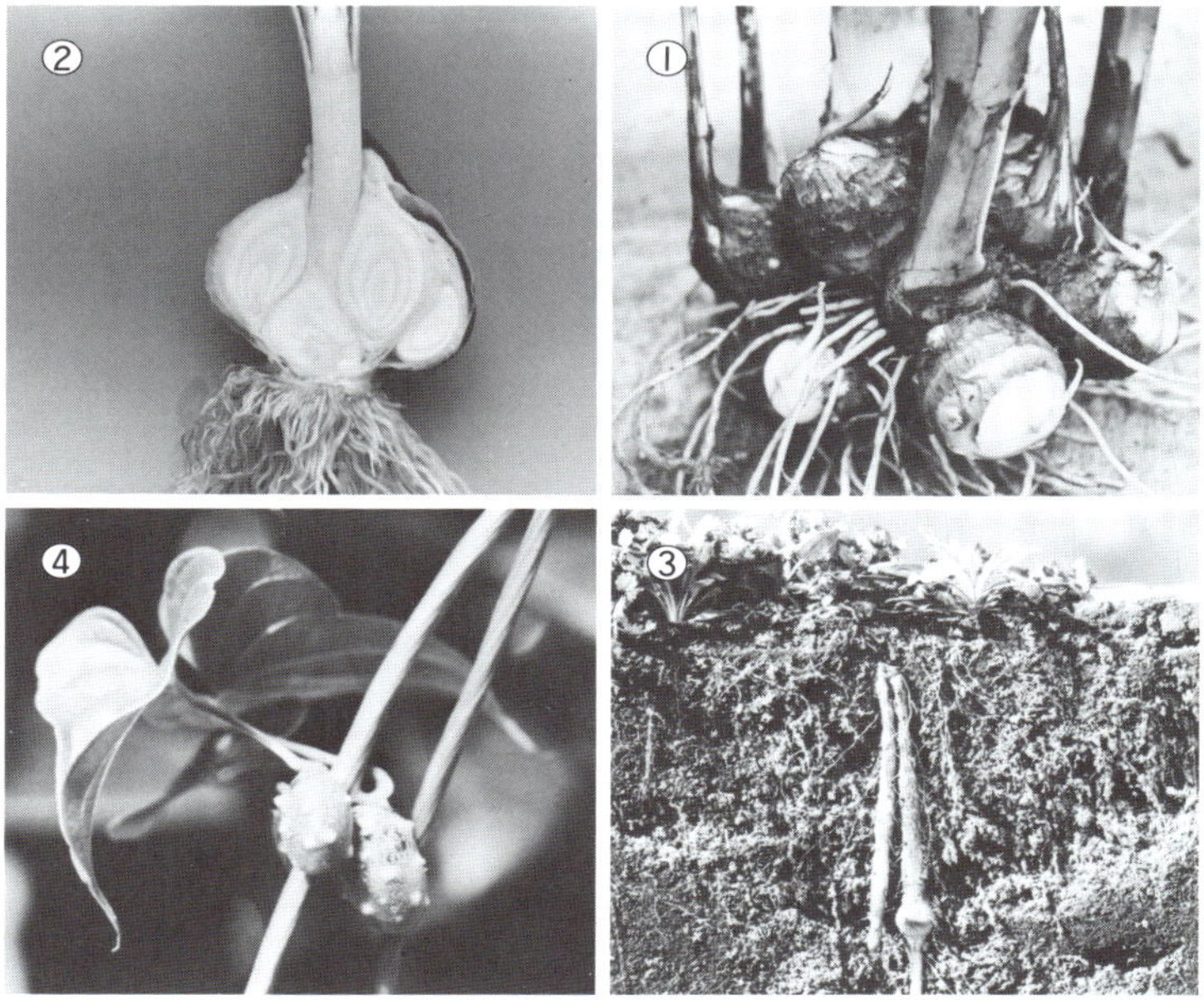

●分身《ぶんしん》の方法《ほうほう》のいろいろ

①サトイモ（いも）
②チューリップ（球根《きゅうこん》）
③ヤマノイモ（いも）
④ヤマノイモ（むかご）

▲イチゴのふえ方《かた》。

植物《しょくぶつ》は〝たね〟のほかにも命《いのち》をのこす方法《ほうほう》をくふうしています。分身《ぶんしん》による方法《ほうほう》がそうです。自分《じぶん》の体《からだ》の一部《いちぶ》に栄養《えいよう》をためこみ、変形《へんけい》させ、最後《さいご》には体《からだ》から切《き》りはなして命《いのち》をのこすのです。

いもは分身《ぶんしん》でふえるよい例《れい》です。ジャガイモやサトイモは地下《ちか》の茎《くき》が変形《へんけい》してできたいも、サツマイモやヤマノイモは根《ね》が変形《へんけい》してできたいもです。

球根《きゅうこん》で命《いのち》をのこすのも分身《ぶんしん》のひとつです。たとえばシクラメンやアネモネは茎《くき》が太《ふと》ってできた球根《きゅうこん》、チューリップやスイセン、ユリは葉《は》が変形《へんけい》してできた球根《きゅうこん》、ダリアは根《ね》が変形《へんけい》してできた球根《きゅうこん》です。

分身《ぶんしん》をつくるのは土《つち》の中《なか》だけではありません。イチゴやユキノシタは、葉《は》のつけねから枝《えだ》をのばして地面《じめん》をはい、その先《さき》に葉《は》や茎《くき》をもった新《あたら》しい株《かぶ》をつくります。

ヤマノイモの地上《ちじょう》の茎《くき》にできる小《ちい》さないもはむかごといって、これは茎《くき》の変形《へんけい》したものです。オニユリの葉《は》のつけねにできるむかごは葉《は》の変形《へんけい》したものです。いずれも地面《じめん》におちると、そこから新《あたら》しい芽《め》をだします。

人間《にんげん》が分身《ぶんしん》の手助《てだす》けをすることもあります。さし木《き》です。枝《えだ》や葉《は》を切《き》りとり、土《つち》にさし、かれないように湿度《しつど》の高《たか》いところにおくと、やがて根《ね》がでてきて分身《ぶんしん》ができます。キクやサツマイモはこの方法《ほうほう》でふやします。

●サツマイモのふやし方《かた》

サツマイモには、ほとんど花《はな》がさくことがないので、たねもできません。いもで命《いのち》をのこします。でも、たくさんいもをふやしたいときは、さし木《き》します。

たねいもを植《う》えると、葉《は》がでてきます。それを切《き》りとって畑《はたけ》にさし木《き》します。すると茎《くき》から根《ね》がでてきて、やがてそれが太《ふと》っていもがたくさんできます。

①

②

①たねいもを植《う》えると葉《は》がでてくる。
②葉《は》を切《き》りとってさし木《き》すると，根《ね》がでてくる。
③根《ね》が太《ふと》っていもがたくさんできる。

※写真③提供＝埴沙萠

●国《くに》によるたねいもの管理《かんり》

ジャガイモは、すぐれた品種《ひんしゅ》をたねいもという分身《ぶんしん》でたくさんふやすことができます。その反面《はんめん》、たねいもが病気《びょうき》にかかっていると、できるいもはみんな病気《びょうき》になってしまいます。

そこで国《くに》では、たねいもをさいばいする原原種農場《げんげんしゅのうじょう》をもうけて、健康《けんこう》なたねいもが農家《のうか》にいきわたるようにしています。

▲原原種農場《げんげんしゅのうじょう》での作業《さぎょう》。

▲原原種農場《げんげんしゅのうじょう》で育《そだ》つジャガイモ。

■ナス■

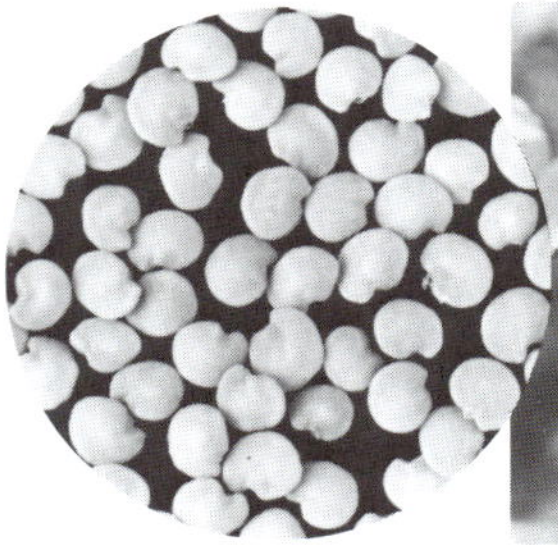

たね　実《み》　花《はな》

■トマト■

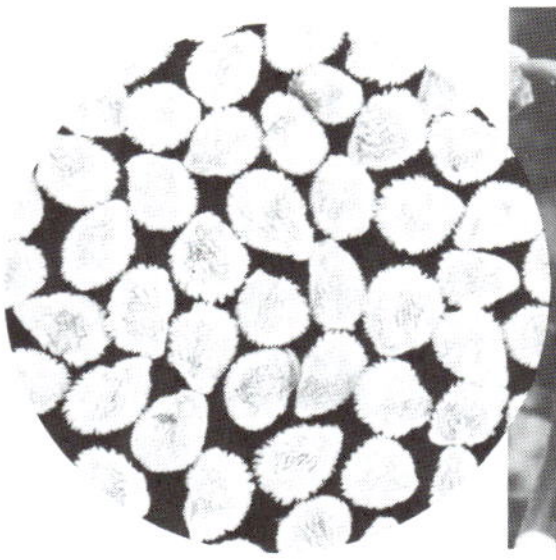

●ジャガイモのなかま

ナスもトマトもジャガイモのなかまです。このなかまの花《はな》は、花《はな》びらがもとでつながった合弁花《ごうべんか》で、おしべやめしべのつくりもみんなにています。

ジャガイモは、ナスやトマト、ピーマンなどと同《おな》じナス科《か》の植物《しょくぶつ》です。だからみんな花《はな》がにています。

ところで、植物《しょくぶつ》は近《ちか》いなかまどうしだと接《つ》ぎ木《き》をして育《そだ》てることができます。接《つ》ぎ木《き》とは、茎《くき》と茎《くき》をつなぎあわせる植物《しょくぶつ》の外科手術《げかしゅじゅつ》のことです。

たとえば地上部《ちじょうぶ》にトマトの実《み》、地下部《ちかぶ》にジャガイモのいもをつくることも接《つ》ぎ木《き》をすればできます。ジャガイモの茎《くき》にトマトを接《つ》ぐのです。

でも、ぎゃくにしてしまったらどうなるでしょう。トマトの茎《くき》にジャガイモを接《つ》ぐのです。ざんねんながら地上《ちじょう》にトマト、地下《ちか》にジャガイモはできません。

そのかわり、地上部《ちじょうぶ》の葉《は》のつけねの枝《えだ》がふくらんで、そこに小《ちい》さないもができます。土《つち》の中《なか》のいもと形《かたち》や色《いろ》こそちがいますが、やっぱりいもです。

このようにジャガイモは、もともと地下《ちか》の枝《えだ》にいもをつくる性質《せいしつ》があるので、地上部《ちじょうぶ》がほかの植物《しょくぶつ》でも、地下部《ちかぶ》がジャガイモであれば、地下《ちか》にいもがで

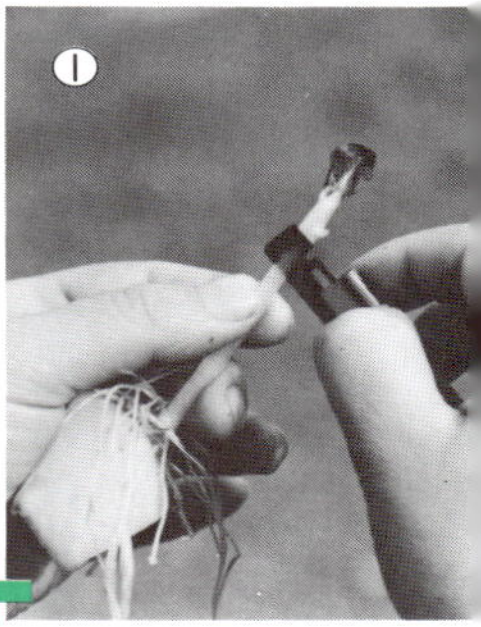

●地上《ちじょう》にトマト，地下《ちか》にジャガイモ

①ジャガイモの茎《くき》に切《き》れ目《め》を入《い》れる。
②トマトの茎《くき》に切れ目《め》を入《い》れる。
③切《き》り口《くち》をあわせる。
④接《つ》ぎ木《き》して１週間《しゅうかん》。ジャガイモの葉《は》とトマトの根《ね》は切《き》りおとす。
⑤接《つ》ぎ木《き》して約《やく》２か月《げつ》。地上《ちじょう》にトマト，地下《ちか》にジャガイモができた。

きます。でも、地下《ちか》がほかの植物《しょくぶつ》だと、地下《ちか》に栄養《えいよう》分《ぶん》を送《おく》ることができず、かわりに地上部《ちじょうぶ》にいもをつくってしまうのです。

接《つ》ぎ木《き》をしないジャガイモでも、なんらかの理由《りゆう》で地下《ちか》に栄養分《えいようぶん》をはこべなくなると、地上部《ちじょうぶ》にいもをつくることがあります。

↑地下《ちか》に栄養分《えいようぶん》がいかないようにしたジャガイモは地上部《ちじょうぶ》にいもができます。

↑トマトの茎《くき》にジャガイモの茎《くき》を接《つ》ぎ木《き》すると，地上《ちじょう》のジャガイモの茎《くき》にいもができます。

＊太陽《たいよう》エネルギーの貯蔵庫《ちょぞうこ》

●ジャガイモのつくりだした栄養分《えいようぶん》はどこへ？

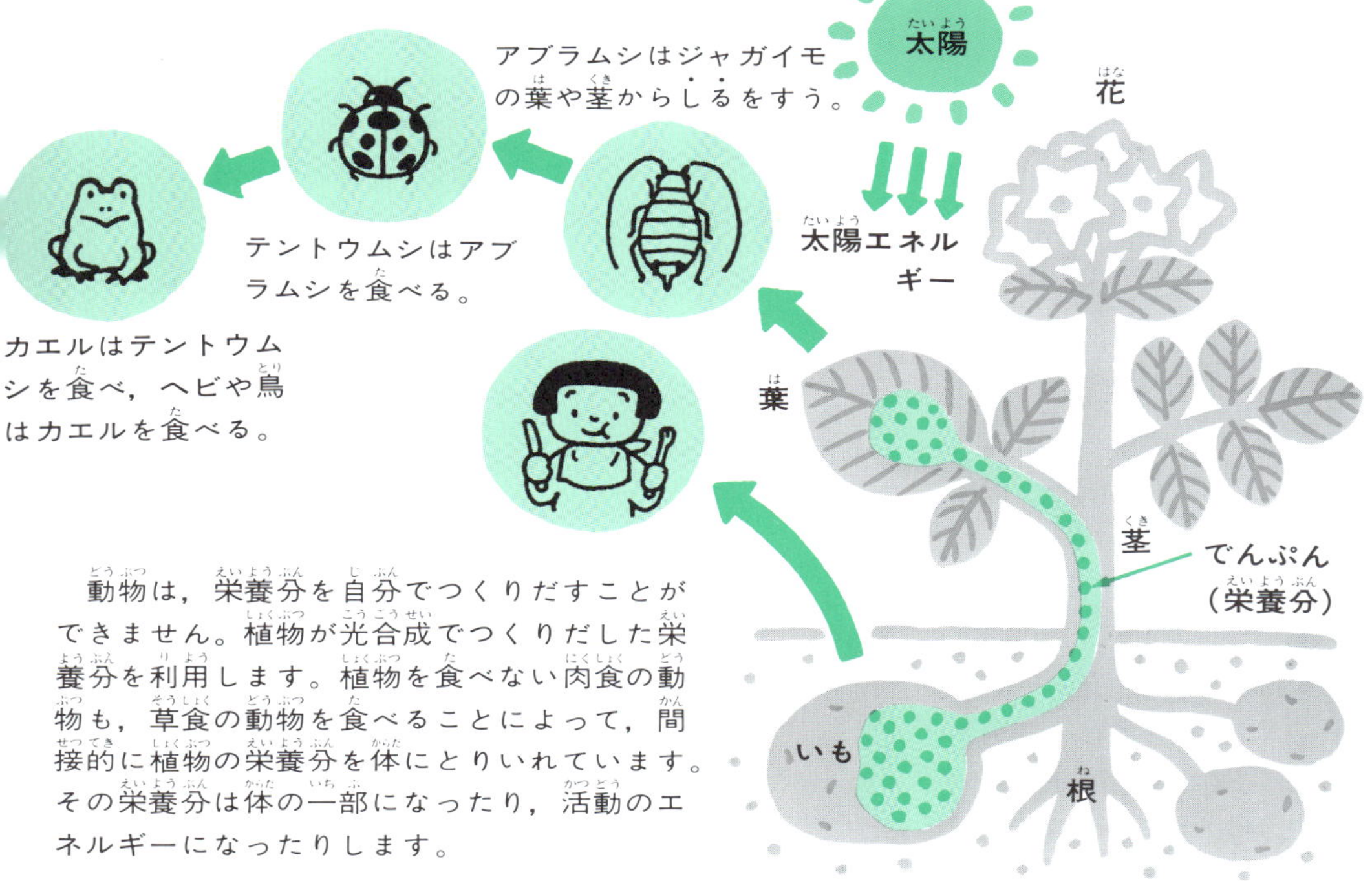

太陽《たいよう》
花《はな》
太陽《たいよう》エネルギー
葉《は》
茎《くき》
でんぷん
（栄養分《えいようぶん》）
いも
根《ね》
アブラムシはジャガイモの葉《は》や茎《くき》からしるをすう。
テントウムシはアブラムシを食《た》べる。
カエルはテントウムシを食《た》べ，ヘビや鳥《とり》はカエルを食《た》べる。

動物《どうぶつ》は，栄養分《えいようぶん》を自分《じぶん》でつくりだすことができません。植物《しょくぶつ》が光合成《こうごうせい》でつくりだした栄養分《えいようぶん》を利用《りよう》します。植物《しょくぶつ》を食《た》べない肉食《にくしょく》の動物《どうぶつ》も，草食《そうしょく》の動物《どうぶつ》を食《た》べることによって，間接的《かんせつてき》に植物《しょくぶつ》の栄養分《えいようぶん》を体《からだ》にとりいれています。その栄養分《えいようぶん》は体《からだ》の一部《いちぶ》になったり，活動《かつどう》のエネルギーになったりします。

ジャガイモの葉《は》は、太陽《たいよう》の光《ひかり》があたっていると、やすみなくでんぷんをつくりつづけます。

でんぷんは、根《ね》からすいあげた水《みず》と、気孔《きこう》からとりいれた二酸化炭素《にさんかたんそ》が化学的《かがくてき》にむすびついてできます。この二つをむすびつけるのが太陽《たいよう》の光《ひかり》です。つまり、でんぷんがたくわえられているいもは、太陽《たいよう》エネルギーの貯蔵庫《ちょぞうこ》なのです。

わたしたちがいもを食《た》べると、でんぷんは体《からだ》の中《なか》で消化《しょうか》され、ふたたび水《みず》や二酸化炭素《にさんかたんそ》に分《わ》かれます。そのとき、二つをむすびつけていた太陽《たいよう》エネルギーがでてくるのです。このエネルギーこそ、わたしたちの活動《かつどう》の源《みなもと》です。

ジャガイモを利用《りよう》しているのは、人間《にんげん》だけではありません。ジャガイモ畑《ばたけ》にやってきて、食《た》べたり食《た》べられたりしている昆虫《こんちゅう》や小動物《しょうどうぶつ》たちも、みんなジャガイモのつくりだした栄養分《えいようぶん》を通《とお》して、太陽《たいよう》エネルギーを利用《りよう》しているのです。

太陽《たいよう》の光《ひかり》とジャガイモの収穫量《しゅうかくりょう》

ジャガイモの葉《は》は、でんぷん製造工場《せいぞうこうじょう》です。したがって、光《ひかり》の多少《たしょう》や葉《は》の多少《たしょう》は、ジャガイモの収穫量《しゅうかくりょう》に大《おお》きなえいきょうがあります。また、たねいもが小《ちい》さいと茎《くき》や葉《は》があまりのびず、太陽《たいよう》の光《ひかり》をじゅうぶんにうけとめられません。そのためたくさんでんぷんがつくられず、いももあまりできません。

▲左《ひだり》は葉《は》をとらずにたいせつに育《そだ》てたもの。まん中《なか》は葉《は》を半分《はんぶん》とってしまったもの。右《みぎ》は葉《は》を全部《ぜんぶ》とってしまったもの。

▲左《ひだり》は光《ひかり》をあてて育《そだ》てたもの。右《みぎ》は日《ひ》おいをして育《そだ》てたもの。

▲左《ひだり》，大《おお》きなたねいもからはたくさんいもがとれた。

▲左《ひだり》は１個平均《こへいきん》75ｇ，右《みぎ》は６ｇのたねいも。

いろいろなでんぷん

ジャガイモだけでなく、ほかの植物《しょくぶつ》もでんぷんをつくっています。新《あたら》しい命《いのち》の芽《め》ばえのためのでんぷんを、たねやいもにたくわえます。

▲カラスウリ（いも）

▲サツマイモ（いも）

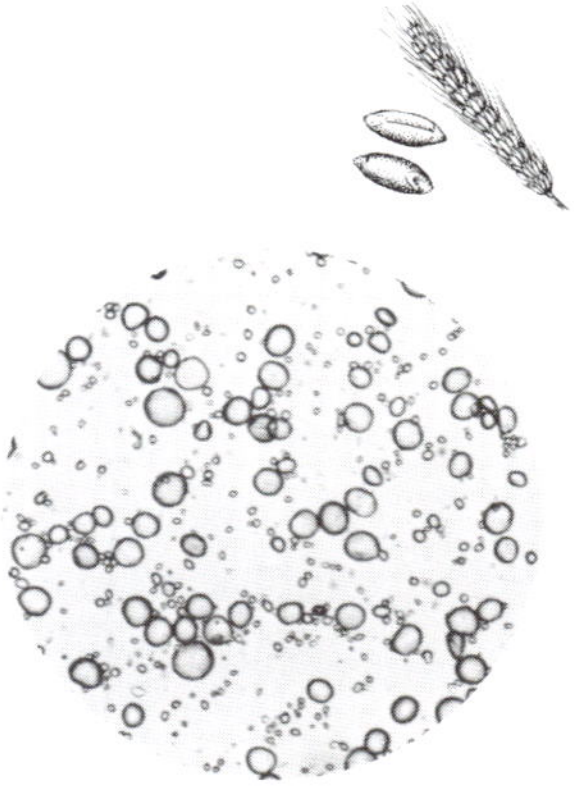
▲コムギ（たね）

●ジャガイモの利用《りよう》のいろいろ

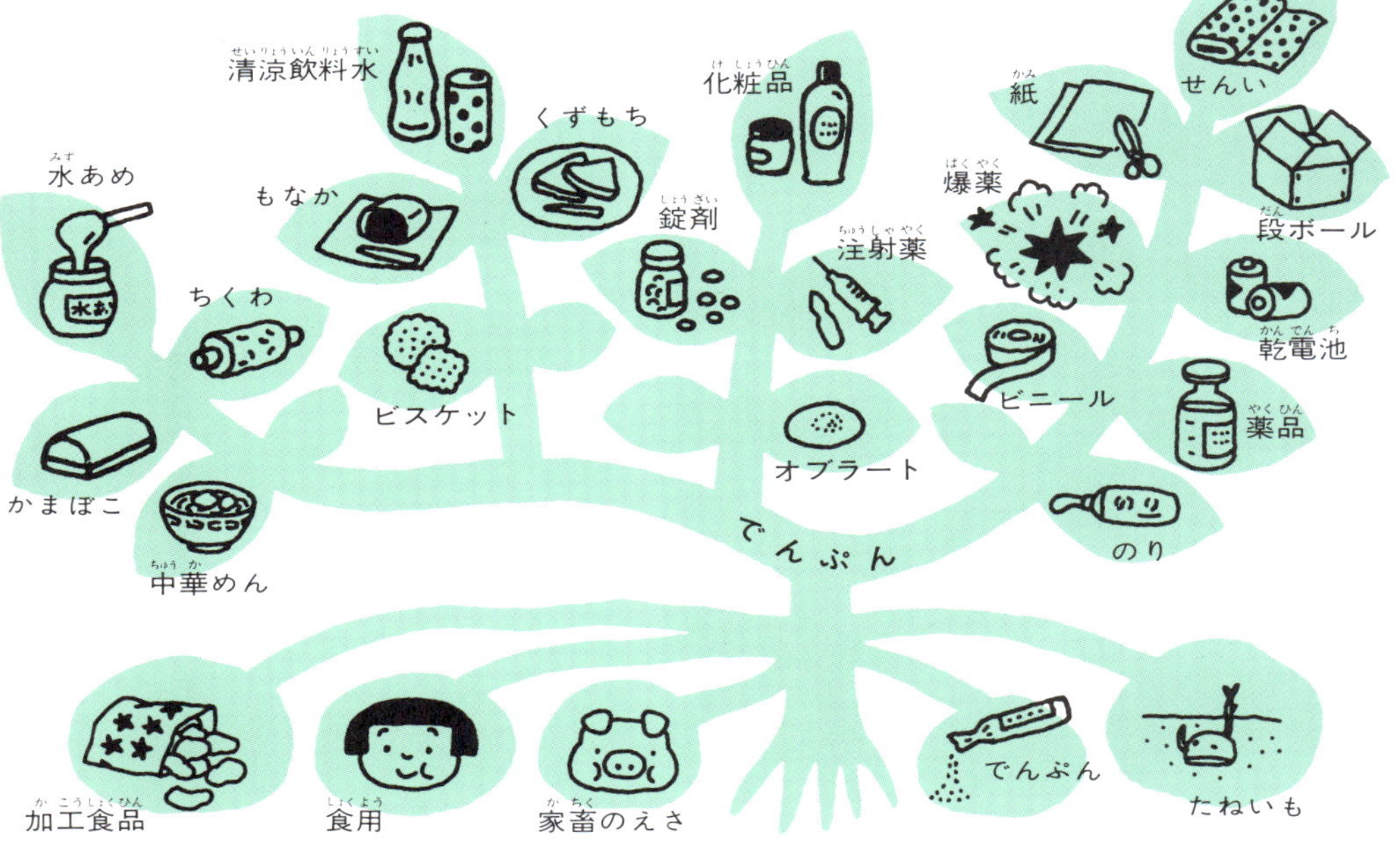
清涼飲料水《せいりょういんりょうすい》
くずもち
化粧品《けしょうひん》
紙《かみ》
せんい
水《みず》あめ
もなか
錠剤《じょうざい》
爆薬《ばくやく》
注射薬《ちゅうしゃやく》
段《だん》ボール
ちくわ
乾電池《かんでんち》
ビスケット
ビニール
薬品《やくひん》
かまぼこ
オブラート
でんぷん
のり
中華《ちゅうか》めん
加工食品《かこうしょくひん》
食用《しょくよう》
家畜《かちく》のえさ
でんぷん
たねいも

ジャガイモは、現在《げんざい》、世界《せかい》では小麦《こむぎ》についで多《おお》くつくられている作物《さくもつ》です。日本《にっぽん》でも、米《こめ》についで多《おお》くつくられています。

ジャガイモは、短期間《たんきかん》（三〜四か月《げつ》）で収穫《しゅうかく》できます。さいばいも世話《せわ》がかからず、費用《ひよう》が安《やす》く、経済的《けいざいてき》です。そして簡単《かんたん》に料理《りょうり》できます。

ジャガイモは、煮《に》たり焼《や》いたり、油《あぶら》であげて食《た》べることもできます。サラダやコロッケなどの料《りょう》理《り》にもつかわれます。とくに肉《にく》や牛乳《ぎゅうにゅう》をつかった料理《りょうり》によくあい、おいしく食《た》べられます。

また、ジャガイモはビタミンC《シー》を多《おお》くふくんでいます。そのむかし、スペイン人《じん》は、長《なが》い船旅《ふなたび》のあいだもジャガイモを食《た》べていたおかげで、壊血《かいけつ》病《びょう》にかからなくてすんだそうです。

ジャガイモは生《なま》のままだと水分《すいぶん》が多《おお》く、もちはこびに不便《ふべん》です。それに長期保存《ちょうきほぞん》にも向《む》いていません。そこで、ジャガイモをすりおろして、でん

ジャガイモの毒《どく》

ジャガイモの葉《は》には、ソラニンという毒《どく》がふくまれています。とくに若《わか》い芽《め》にはたくさんふくまれています。これを食《た》べると中毒《ちゅうどく》して、ときには死《し》んでしまうこともあります。

ジャガイモは若《わか》い芽《め》を食《た》べられてしまったら成長《せいちょう》できず、なかまもふやせません。いもが土《つち》の中《なか》にあるときは、動物《どうぶつ》や昆虫《こんちゅう》の目《め》にもつきにくく、比較的《ひかくてき》安全《あんぜん》ですが、地上《ちじょう》に芽《め》がでてくるとめだちます。

芽《め》や葉《は》の毒《どく》は、おそらくジャガイモをねらう動物《どうぶつ》や昆虫《こんちゅう》よけのものと考《かんが》えられます。

▲地下《ちか》は安全《あんぜん》でも，地上《ちじょう》にでた茎《くき》や葉《は》はいろいろな動物《どうぶつ》や昆虫《こんちゅう》にねらわれます。

ぷんだけをとりだすことがおこなわれています。

ジャガイモでんぷんは長期保存《ちょうきほぞん》ができ、しかも、いろいろなものにすぐ利用《りよう》できます。たとえば、水《みず》あめ、ブドウ糖《とう》、かまぼこやちくわなどの水産《すいさん》練製品《ねりせいひん》、ソース、菓子《かし》、インスタント食品《しょくひん》、せんい、製紙《せいし》、ダンボール、医薬品《いやくひん》など、いずれもでんぷんがつかわれています。

カタクリ粉《こ》

ジャガイモのでんぷんのことをカタクリ粉《こ》とよぶことがありますが、本物《ほんもの》のカタクリ粉《こ》は、カタクリという植物《しょくぶつ》の地下《ちか》にできる球根《きゅうこん》からとります。ジャガイモのでんぷんよりつぶが小《こ》つぶです。

▲早春《そうしゅん》，カタクリは花《はな》をさかせる。

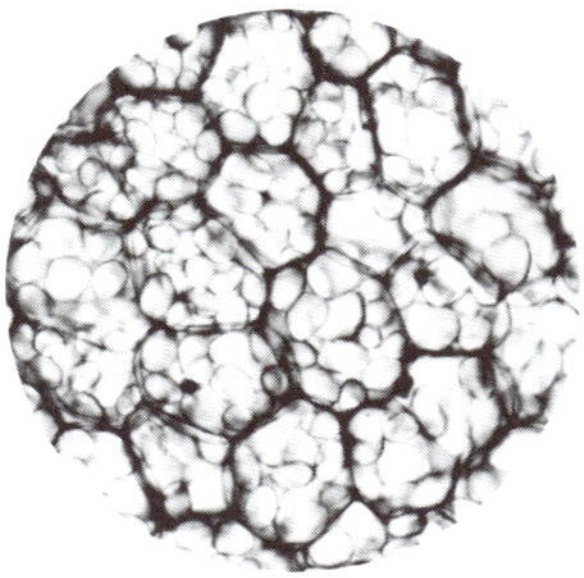
▲カタクリの細胞《さいぼう》の中《なか》のでんぷん。

※図《ず》は群馬県前橋市《ぐんまけんまえばしし》におけるもの。品種《ひんしゅ》はダンシャク。

3月《がつ》

三月上旬《がつじょうじゅん》 植《う》えつけ。

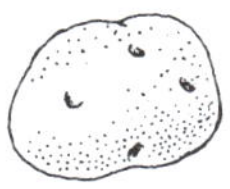

三月下旬《がつげじゅん》 地中《ちちゅう》で芽《め》や根《ね》がのびる。

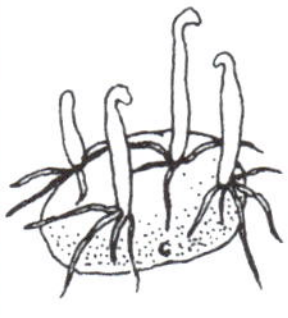

4月《がつ》

四月上旬《がつじょうじゅん》 地上《ちじょう》に芽《め》がでる。地中《ちちゅう》では、いもになる枝《えだ》もではじめる。

四月中旬《がつちゅうじゅん》 いもになる枝《えだ》がのびる。

四月下旬《がつげじゅん》 いもになる枝先《えださき》がふくらみはじめ、大《おお》きさはアズキ豆大《まめだい》。

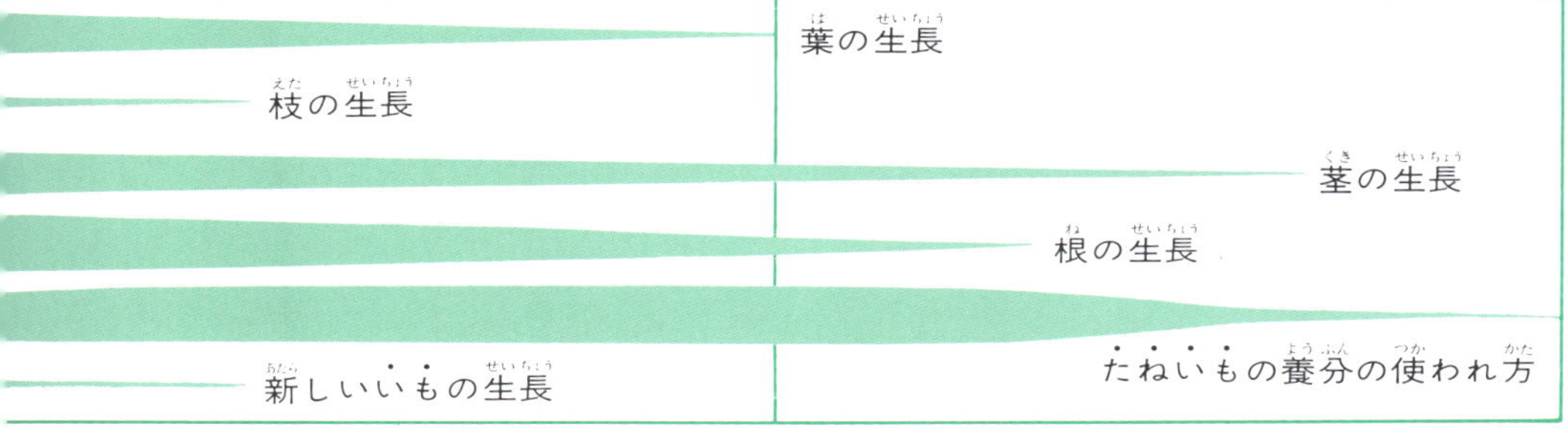

葉《は》の生長《せいちょう》
枝《えだ》の生長《せいちょう》
茎《くき》の生長《せいちょう》
根《ね》の生長《せいちょう》
たねいもの養分《ようぶん》の使《つか》われ方《かた》
新《あたら》しいいもの生長《せいちょう》

*ジャガイモを育《そだ》てよう

ジャガイモは、春《はる》に植《う》えつける春作《はるさく》と、夏《なつ》のおわりに植《う》えつける秋作《あきさく》があります。日本《にっぽん》では、あたたかい地方《ちほう》をのぞいて、ほとんど春作《はるさく》です。

植《う》えつけたジャガイモの芽《め》が地上《ちじょう》にでてきたら、地上部《ちじょうぶ》の生長《せいちょう》のようすから、地下部《ちかぶ》のようすもだいたい知《し》ることができます。

一、芽《め》がでてから二〜三日後《にちご》＝地下部《ちかぶ》では、いもになる枝《えだ》がのびはじめています。

二、葉《は》が五枚《まい》くらいでてきたとき＝いもになる枝《えだ》の先《さき》がふくらみはじめています。

三、つぼみがみえたとき＝大《おお》きないもは、ピンポン玉《だま》くらいの大《おお》きさになっています。

四、花《はな》がさいたとき＝いもが一番太《ばんふと》る時期《じき》で、ニワトリのたまご大《だい》のいもができています。

五、地上部《ちじょうぶ》が黄色《きいろ》くなったとき＝収穫《しゅうかく》します。収穫《しゅうかく》したいもは、すぐには芽《め》をだしません。暗《くら》くかわいた場所《ばしょ》で保存《ほぞん》します。

7 月《がつ》	6 月《がつ》	5 月《がつ》

五月中旬 つぼみができはじめる。いもはピンポン球大《たまだい》。

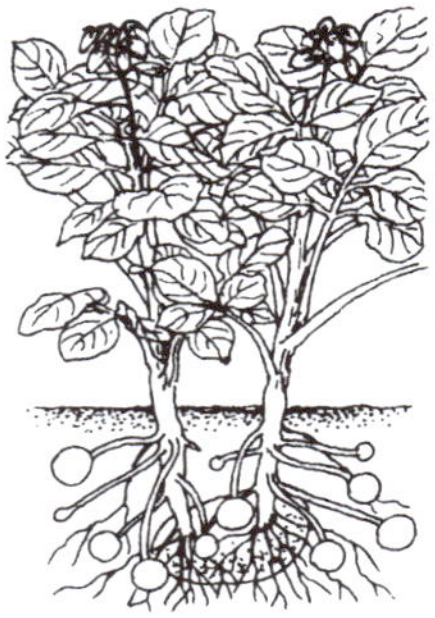

五月下旬《がつげじゅん》 花《はな》がさく。いもはニワトリのたまご大《だい》。

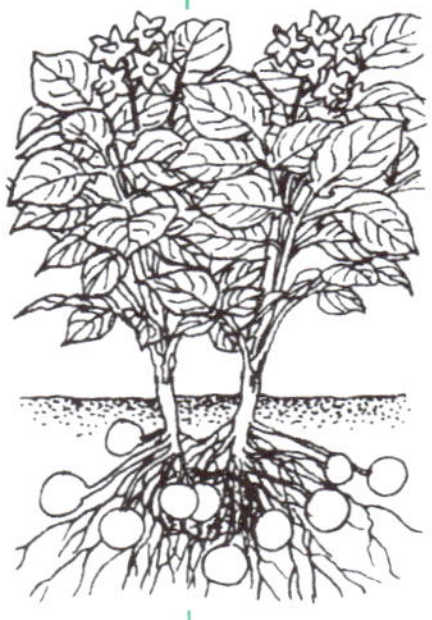

六月下旬《がつげじゅん》 葉《は》がかれはじめる。いもは野球《やきゅう》ボール大《だい》。

七月上旬《がつじょうじゅん》 収穫《しゅうかく》。

※グラフの太《ふと》い部分《ぶぶん》ほど生長《せいちょう》や変化《へんか》が大《おお》きいことを示《しめ》します。

●さいばい中にしばしばみられる異常《いじょう》

■子《こ》もちいも■

はげしいかんそうや高温《こうおん》がつづくと、地下《ちか》のいもは太《ふと》ることをやすみます。そのあと雨《あめ》がふったりすると、ふたたび成長《せいちょう》をはじめ、こぶのあるいもができます。

■緑化《りょくか》いも■

ジャガイモのいもは、茎《くき》の変化《へんか》したものです。だから太陽《たいよう》の光《ひかり》にあたると葉緑《ようりょく》素《そ》ができ、地上《ちじょう》の茎《くき》と同《おな》じように緑色《みどりいろ》になります。

◀土《つち》をとりのぞいて三週間後《しゅうかんご》。いもはすっかり緑色《みどりいろ》になった。

■皮目《ひもく》■

水分《すいぶん》が多《おお》すぎると、いもは呼吸《こきゅう》ができません。そのため皮目《ひもく》というものをいっぱいだして呼吸《こきゅう》します。

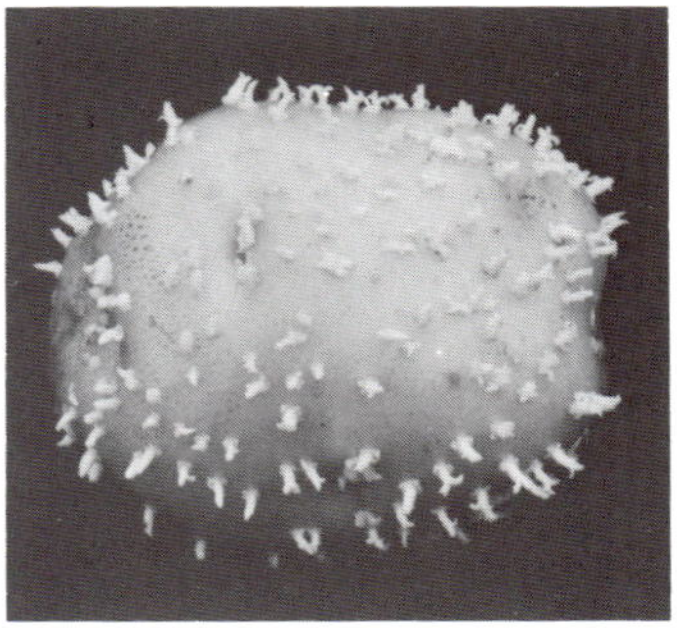

■茎《くき》に変化《へんか》するいも■

土《つち》の中《なか》でいもができる枝《えだ》は、茎《くき》が変化《へんか》したものです。だから太陽《たいよう》の光《ひかり》にあたるとやっぱり緑色《みどりいろ》にかわり、葉《は》もでてきます。

◀いもができかけていた地下《ちか》の枝《えだ》をほりだして三週間目《しゅうかんめ》。

あとがき

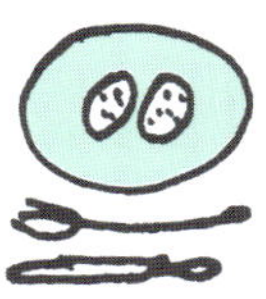

ジャガイモの〝たね〟をまいて育《そだ》ててみました。やがてたねからは芽《め》がでて茎《くき》がのび、葉《は》のつけねに小《ちい》さな枝《えだ》ができました。その枝《えだ》は、いつのまにか地中《ちちゅう》にもぐりこみ、ほりおこすと、枝《えだ》の先《さき》には〝いも〟ができていました。

ジャガイモにトマトを接《つ》ぎ木《き》してみました。すると地上《ちじょう》には、まぎれもないトマトが、地下《ちか》にはジャガイモができていました。わたしはそのとき、まるで植物《しょくぶつ》を自由《じゆう》にあやつれる魔術師《まじゅつし》になったかのような気《き》がしました。

またあるとき、ジャガイモに色水《いろみず》をすわせて、外側《そとがわ》からけずってみました。そこには、養分《ようぶん》をはこぶ管《くだ》がまるで人間《にんげん》の毛細血管《もうさいけっかん》のように分布《ぶんぷ》していました。わたしは、しばらく自分《じぶん》の手《て》をみつめていました。

なんの変哲《へんてつ》もないようにみえるジャガイモですが、しらべればしらべるほど、ふしぎがいっぱいつまっています。でも、ジャガイモに話《はな》しかければ、かならずなにかを教《おし》えてくれます。さあ、みなさんも台所《だいどころ》からジャガイモを一つわけてもらって、いもに話《はな》しかけてみませんか。

この本《ほん》をつくるにあたり、農林水産省《のうりんすいさんしょう》嬬恋《つまごい》馬鈴薯《ばれいしょ》原原種《げんげんしゅ》農場《のうじょう》の田中智《たなかさとし》博士《はくし》に監修《かんしゅう》と指導《しどう》をしていただきました。また同農場《どうのうじょう》の秋元喜弘《あきもとよしひろ》農場長《のうじょうちょう》と職員《しょくいん》の方《かた》がた、北海道立根釧農業試験場《ほっかいどうりつこんせんのうぎょうしけんじょう》の浅間和夫《あさまかずお》先生《せんせい》、そのほかたくさんの人《ひと》びとのお世話《せわ》になりました。心《こころ》からお礼《れい》を申《もう》し上《あ》げます。

鈴木公治《すずきまさはる》

（一九八一年六月）

NDC479

鈴木公治

科学のアルバム　植物 12

ジャガイモ

あかね書房 1981

54P　23×19cm

科学のアルバム

ジャガイモ

一九八一年 六 月初版
二〇〇五年 四 月新装版第 一 刷
二〇二三年一〇月新装版第一二刷

著者　鈴木公治

発行者　岡本光晴
発行所　株式会社 あかね書房
〒一〇一－〇〇六五
東京都千代田区西神田三－二－一
電話〇三－三二六三－〇六四一（代表）
https://www.akaneshobo.co.jp

印刷所　株式会社 精興社
写植所　株式会社 田下フォト・タイプ
製本所　株式会社 難波製本

ISBN978-4-251-03372-7
定価は裏表紙に表示してあります。
落丁本・乱丁本はおとりかえいたします。

○表紙写真

・たねいもからの芽生《めば》え

○裏表紙写真（上から）

・ジャガイモの花《はな》

・土《つち》からほりだしたジャガイモ

・花《はな》ざかりのころのジャガイモ畑《ばたけ》

○扉写真

・ジャガイモの地上部《ちじょうぶ》と地下部《ちかぶ》

○もくじ写真

・ジャガイモのでんぷん

科学のアルバム

全国学校図書館協議会選定図書・基本図書
サンケイ児童出版文化賞大賞受賞

虫

モンシロチョウ
アリの世界
カブトムシ
アカトンボの一生
セミの一生
アゲハチョウ
ミツバチのふしぎ
トノサマバッタ
クモのひみつ
カマキリのかんさつ
鳴く虫の世界
カイコ まゆからまゆまで
テントウムシ
クワガタムシ
ホタル 光のひみつ
高山チョウのくらし
昆虫のふしぎ 色と形のひみつ
ギフチョウ
水生昆虫のひみつ

植物

アサガオ たねからたねまで
食虫植物のひみつ
ヒマワリのかんさつ
イネの一生
高山植物の一年
サクラの一年
ヘチマのかんさつ
サボテンのふしぎ
キノコの世界
たねのゆくえ
コケの世界
ジャガイモ
植物は動いている
水草のひみつ
紅葉のふしぎ
ムギの一生
ドングリ
花の色のふしぎ

動物・鳥

カエルのたんじょう
カニのくらし
ツバメのくらし
サンゴ礁の世界
たまごのひみつ
カタツムリ
モリアオガエル
フクロウ
シカのくらし
カラスのくらし
ヘビとトカゲ
キツツキの森
森のキタキツネ
サケのたんじょう
コウモリ
ハヤブサの四季
カメのくらし
メダカのくらし
ヤマネのくらし
ヤドカリ

天文・地学

月をみよう
雲と天気
星の一生
きょうりゅう
太陽のふしぎ
星座をさがそう
惑星をみよう
しょうにゅうどう探検
雪の一生
火山は生きている
水 めぐる水のひみつ
塩 海からきた宝石
氷の世界
鉱物 地底からのたより
砂漠の世界
流れ星・隕石